Die Abgekürzte Wetterbeständigkeitsprobe der Bausteine

nebst Anleitung zur praktischen Wetterbeständigkeits-Wertbestimmung von Bausteinen

Von

Professor Dr. Heinrich Seipp

Ingenieur, Staatl. Baugewerkschuldirektor i. R.;
„Korrespond. Mitglied des Ausschusses für Bau-
stofferhaltung an der Techn. Hochschule Dresden",
Mitglied der Akademie gemeinnütziger Wissen-
schaften in Erfurt

Mit 23 Abbildungen und
2 Steinbewertungstafeln

München 1937

Kommissionsverlag von R.Oldenbourg

Druck von R. Oldenbourg, München
Printed in Germany

Der

„Stiftung zur Förderung von Bauforschungen"
in Berlin

dankbarst zugeeignet

Vorwort.

Das alte Wort: »Saxa loquuntur!« läßt sogleich an das kulturelle Geschehen in der Umgebung stolzer Steinbauten denken, wovon diese oft zu erzählen wissen. Die Steine der ägyptischen Pyramiden zeugen vom gewaltigen Herrscher- und Schöpferwillen ihrer Erbauer, die Reste der Prachtbauten der Akropolis zu Athen von der Kunstherrlichkeit des alten Hellas und unsere erhabenen romanischen und gotischen Dome von der erfreulichen Höhe des damaligen Kunstempfindens. Aber auch von der unverwüstlichen Art des eozänen Numulitenkalksteins der Nil-berge, von der wundervollen ausdauernden Schönheit des Pentelischen Marmors und von der würdigen Gediegenheit unserer Dombaustoffe geben jene Steine dort überall Kunde. Nicht minder sodann redet der Stein, in den nordischen Klimaten und in unseren Industriegebieten, von den zerstörenden Kräften der Wetter- und der Rauchgaswirkung, die dort bedrohlich am Werke sind und wozu die Dombauschäden zu Köln ein betrübendes Beispiel liefern. Und endlich zeugen die Bau- und Denkmalsteine auch oft genug von mangelnder Kenntnis, von Sorg-losigkeit und Nachlässigkeit, mit denen die Menschen die Steine für ihre Zweck- und Prunkbauten ausgewählt hatten. Auch die Steine sind vergänglich, wenn sie auch manchmal »für die Ewigkeit« getürmt scheinen mögen. Doch mit Unterschied! Und damit gerade muß die Steinauswahl rechnen. Sie soll sich nicht allein auf Aussehen, Charakter und schönheitliche Wirkung der für das Bauwerk geeigneten Steine richten, sondern dabei diejenigen strengstens bevorzugen, die hinrei-chenden Widerstand gegen Wetter- und Rauchgasschäden nach Möglichkeit verbürgen. Mit Prüfungsmaßnahmen zu diesem Zweck aber hatte man in systematischer Weise sich zu befassen erst dann an-gefangen, als Fachleute zu gemeinsamem Austausch ihrer Erfahrungen und Ansichten und zur »Vereinbarung einheitlicher Prüfungsverfahren für Bau- und Konstruktionsstoffe« zusammentraten. Die erste dieser Konferenzen, die bald internationale Teilnahme und Bedeutung ge-wannen, fand in München 1884 statt. Auf einem späteren Kongreß, in Zürich 1895, wurde das Wetterbeständigkeitsproblem für die natür-lichen Bausteine erstmalig eindringlich zur Behandlung gestellt, und zwar bereits unter weitausschauender Fragestellung. Auch wurde dort erstmalig durch den damaligen Kongreßpräsidenten Prof. L. Tetmajer selbst und Prof. Dr. Grubenmann, Zürich, sowie durch mich die zeit-

ersparendere Art der Prüfung, um die es sich in der vorliegenden Arbeit
handelt, nämlich die »Abgekürzte« Behandlung, in Angriff genommen.
Dann folgten: mein Bericht für den Brüsseler Kongreß 1906 und
meine zwei weiteren ausführlichen Arbeiten dieser Art auf diesem Gebiete, nämlich: »Seipp, Die Wetterbeständigkeit der natürlichen Bausteine usw., Jena 1900, Verl. v. H. Costenoble«, und »Seipp, Die abgekürzte Wetterbeständigkeitsprobe der natürlichen Bausteine usw.,
Frankfurt a. M. 1905, Verl. v. H. Keller«. Seitdem ist, wie man wohl
sagen darf, streng nach der fraglichen Richtung hin, nichts Wesentliches
geschehen, abgesehen von gelegentlichen, aber wertvollen Äußerungen
von Prof. Gary und von meiner eigenen, neuen, hiermit vorliegenden
Arbeit. Die Wetterbeständigkeitsforschung hat seitdem zwar keineswegs ganz geruht; sie hat sich aber (abgesehen von Hirschwalds ver-
dienstvollem Schaffen) fast ausschließlich im Sinne der sehr wichtigen,
aber lange Beobachtungszeiten fordernden sog.»Natürlichen«
Prüfungsweise betätigt. Zu ihr gehören die noch andauernden Versuche
des »Deutschen Verbandes für die Materialprüfungen der Technik«,
durch Aussetzen von Steinproben im Freien. Ferner die umfangreichen,
gleichartigen Dauerversuche zwecks Erprobung der verschiedenen Stein-
schutzmittel durch Prof. Dr. Rathgen in Berlin. Meine auf langjährige
Beobachtungen im rauchgasgesegneten oberschlesischen Industriegebiet
und sonstige Forschungen sich stützenden Prüfungsvorschläge erstreben,
ein **annähernd** zutreffendes **relatives** Verwitterungs- bzw. Er-
haltungsmaß für die Steine zu finden. Wenn ich nun diese Vor-
schläge zur »Abgekürzten« Steinprüfung hiermit veröffentliche, so
muß ich dazu noch folgendes bemerken. Ursprünglich lag ein umfas-
fassenderes druckfertiges Manuskript vor, das, im Interesse größerer
Handlichkeit beim Gebrauch und zur Druckkostenersparnis, sehr we-
sentlich gekürzt worden war. [Erwünscht scheinende Hinweise darauf
sind übrigens in der vorliegenden Arbeit mit (U. M.) bezeichnet.]
Aber auch in der vorliegenden kürzeren Gestalt würde meine Arbeit
schwerlich das Licht der Öffentlichkeit erblickt haben, wenn nicht die
»Stiftung zur Förderung von Bauforschungen« in Berlin, mit
offenem Blick für die Dringlichkeit der Wetterbeständigkeitsforschung
für das gesamte Bauwesen und für die Denkmalpflege, die zur Druck-
legung usw. erforderliche finanzielle Beihilfe in erfreulicher großzügiger
Weise zur Verfügung gestellt hätte. Ihr gebührt dafür der wärmste
Dank des Verfassers und aller Fachgenossen, die gleicher Erkenntnis
sind. Zu danken habe ich aber auch dem geschätzten Verlag R. Oldenbourg, München, für sein förderndes Entgegenkommen meiner Arbeit
gegenüber.

Erfurt, im Februar 1937.

Seipp.

Inhaltsübersicht.

Einleitung.

Um der Verhäßlichung und Schädigung unserer Steinbauten und Steindenkmäler durch die Verwitterung nach Möglichkeit vorzubeugen, sind Verfahren notwendig, die das Maß der
Wetterbeständigkeit der zu verwendenden Steine im voraus festzustellen gestatten. Es gibt drei Arten solcher Wetterbeständigkeits-
prüfungsverfahren:

1. Die (schon erwähnte) »Natürliche« Wetterbeständigkeitsprobe,
das einfachste, aber langwierigste Verfahren, wobei Steinproben einfach
allen Witterungsangriffen nebst der Rauchgaswirkung lange Zeit ausgesetzt und auf erfolgende Veränderungen beobachtet werden. Also:
ein reines Verfahren a posteriori.

2. Ein Verfahren, das, von den Verwitterungsschäden an Steinen
zahlreicher alter Steinbauten ausgehend, den Einfluß der einzelnen
Gesteinseigenschaften auf den Wetterbeständigkeitsgrad der Steine ziffernmäßig zu bewerten sucht und sie unter Berücksichtigung ihres Alters
in Beständigkeits- oder Bewertungsklassen einordnet. Es ist das unter
Zuhilfenahme entsprechender versuchlicher Einzeluntersuchungen (mikroskopische Prüfung, Festigkeitsermittelungen usw.) mittelbar arbei-
tende Verfahren von J. Hirschwald (vgl. »H., Handb. d. bautechn. Gesteinsprüfung, Berlin 1912, Verl. v. Gebr. Bornträger«).

3. Die »Künstliche oder Abgekürzte« Wetterbeständigkeitsprobe des Verfassers. Ein (an und für sich jedenfalls praktisch
höchst erstrebenswertes) Verfahren a priori, das durch unmittel-
bares Einwirkenlassen der äußeren Hauptverwitterungsursa-
chen: Temperaturwechsel, Frost und Luftstoffangriffe einschließlich der Rauchgase, auf die frische Steinprobe zu ziffern- und
qualitätsklassenmäßiger Steinbewertung gelangen will.

Die »Abgekürzte Wetterbeständigkeitsprobe« zerfällt in
zwei Einzelprüfungen, entsprechend den drei Hauptursachen der Steinverwitterung (vgl. «Seipp, Die Wetterbeständigkeit der natürlichen
Bausteine und die Wetterbeständigkeitsprobe usw., Jena 1900«, und
»Seipp, Die Abgekürzte Wetterbeständigkeitsprobe usw., Frankfurt
a. M. 1905«). Diese zwei Prüfungen sind:

1. die »Kombinierte Wärmewechselschadenprobe und Frostprobe«, die den rein physikalisch wirkenden Kräften der Verwitterung gerecht zu werden sucht, und
2. die »Abgekürzte Agenzienprobe«, die die chemischen Vorgänge der Wetterwirkung nachbilden will.

Agenzien sind die chemisch-aktiven Luftstoffe: Wasser (H_2O), Sauerstoff (O), Kohlensäure (CO_2), Rauchgasstoffe (SO_2 und SO_3 neben Ruß). Der in der Atmosphäre vorherrschende Stickstoff (N) kommt wegen seiner Reaktionsträgheit hier nicht in Frage, was auch von den atmosphärischen Edelgasen: Argon, Helium, Neon usw. gilt. (Auch von den geringen Mengen an Luft-Ammoniak und -Salpetersäure wird abgesehen.)

In beiden Einzelversuchen 1 und 2 erfolgen die Einwirkungen in gesteigertem Maße, sonst aber möglichst der Wirklichkeit angepaßt. Das Hilfsmittel zur Feststellung des Ergebnisses der Agenzienprobe, nämlich der Stoffverlustmenge, ist die Waage.

Teil I.

Die Abgekürzte Wetterbeständigkeitsprobe für einfache oder gemengte, dichte oder fein- bis mittelfeinkörnige Steine mit gleichmäßiger Verteilung ihrer Gemengteile; sowie auch für schichtige, schiefrige, spaltige Steine.

Abschnitt I.

Allgemeines und Grundlegendes.

Auch sogar durch das Zusammenwirkenlassen aller äußeren Verwitterungsursachen auf die Steinproben in tunlichst nachbildendem Versuch (wenn dieser technisch und zeitlich glatt durchführbar wäre) würde es dennoch unmöglich sein, ein völlig wirklichkeitsgetreues Verwitterungsbild für den Stein zu erhalten, weil wir die Verwitterungsursachen doch nicht in der genau gleichen, oft wechselnden Zusammensetzung und Verdünnung wie in Wirklichkeit wirken lassen könnten und weil wir doch auch dem Einfluß der Zeit nicht völlig gerecht werden könnten. Man wird sich deshalb darauf beschränken müssen, wenigstens das Wirkungsmaß der verschiedenen äußeren Verwitterungsursachen für die Steine getrennt und einzeln festzustellen, um nach der Gesamtheit der Ergebnisse ein annäherndes Wetterbeständigkeitsurteil für die Steine zu gewinnen. Man wird das um so eher können, als es zunächst für die folgenden zwei Hauptsteingruppen von vornherein angezeigt ist, nämlich:

1. für alle Steine, bei denen der Frostversuch mit der Wärmewechselprobe zusammen keinerlei nennenswerte sichtbare Schäden hervorruft, so daß hier lediglich Schädigungen durch die Luftstoffe in Betracht kämen: Gruppe I;
2. für alle Steine, bei denen die reine Gefrierprobe, für sich allein oder vielmehr mit dem Wärmewechselversuch zusammen angestellt, bereits für die Bewertung völlig entscheidende Schäden erzeugt, d. h. volle Zerstörung oder dazu führende Schäden: Gruppe III (s. Abb. 7, 79 m).

Eine Zwischengruppe II dieser beiden äußersten Bewertungsgruppen I und III umfaßt alle übrigen Steine, an denen Wärmewechsel und Frost sowohl als auch Agenzienwirkung, jedes für sich allein, schon Schäden hervorbringen können, jedoch nicht überragender Art wie an Steinen der Gruppe III, und es gehören dazu Steine, bei denen jene Einwirkungen nicht völlig versagen wie bei den Steinen der Gruppe I.

Der Frostwirkung gebührt unter den äußeren Verwitterungsursachen der Primat. Denn sie ist stets ein plötzlicher, vehementer, tiefer und verhältnismäßig abschließend in den Steinbestand eingreifender Vorgang, der Erfolg der Agenzienwirkung aber nur ein schrittweise und ganz allmählich sich vollziehender. Bei Gruppe III ist die Agenzienprobe für die Bewertung natürlich gänzlich überflüssig, bei Gruppe I zur Weiterbewertung erforderlich und mitentscheidend. Die »Abgekürzte Wetterbeständigkeitsprobe« vermag natürlich im allgemeinen keinerlei Auskunft zu geben über die mögliche und tatsächliche besondere, verschiedenartige Verwitterungsform (ob Auslaugung, Ablösung, Absprengung, Krusten- und Schalenbildung oder Salzausblühungen usw. erfolgen). Wohl aber gibt sie vergleichend für die verschiedenen Steine Auskunft über Art und Grad der rein frostlichen Schädigung und Formänderung (zunächst des Probewürfels) und weiter über die **Menge der** ihrerseits zur **Verwitterung führenden Lösungsstoffe.** Gegenüber dem wirkungsteigernden Zusammentreffen der verschiedenen Verwitterungsfaktoren in der Wirklichkeit ergeben die getrennten Versuchseinzelprüfungen 1 und 2 zwar an sich nur Mindestwirkungen. Aber diese werden andererseits durch die mengenmäßige Steigerung (Konzentration) der Versuchsangriffe selbst wieder gesteigert, zwar zu keinem Höchst- und Endmaß, aber doch jedenfalls zu einem Maß irgendeines bestimmten Verwitterungsfortschritts, der für alle anzustellenden Bewertungsproben als der gleiche anzusprechen ist, so daß die Vergleichbarkeit aller Versuchsergebnisse gewährleistet erscheint. Ferner stimmt die Natur der wirkenden Agenzien und die der entstandenen Versuchsneubildungen im Agenzienversuch und bei der natürlichen Agenzienwirkung in Natur und Bauverband art- und wertmäßig (qualitativ) überein, wie später (Teil IV)

nachgewiesen werden wird. Mithin liefert die »Abgekürzte« Wetterbeständigkeitsprobe ein getreues, nur quantitativ vergrößertes
(jedoch nicht verzerrtes) Bild des Steinangriffs und des Stein-
widerstandes gegen die Luftstoffe sowie auch gegen Frost und Wärmewechsel. Ersteres rein chemisch, aber auch unter Berücksichtigung
der physikalischen und petrographischen Natur der Probeplatten.
Letzteres gleichfalls gesteigert, da die Probewürfel des Frostversuchs
hier allseitigem Angriff und vorher weitreichender Wassersättigung
unterliegen. Da im Versuch und in der baulichen Wirklichkeit
chemisch nur quantitativ verschiedene Kräfte auf die Steine
wirken, die allerdings naturgemäß nicht genau die gleichen
Schadenbilder beidesmal erzeugen können, so wird das Verhältnis der chemischen Wirkungserfolge für die verschiedenen Bausteinsorten auch im Versuch sicherlich annähernd
als das gleiche angenommen werden dürfen wie bei der baulichen Steinverwendung. Und Verhältnisgleichheit bedeutet hier relative Wertungsmöglichkeit. Ähnliches gilt auch für
Frost-Versuch und -Wirklichkeit, wennschon auch hier vom
Versuchserfolg aus nicht alle Einzelschadenformen für den Bauverband sich voraussehen lassen können. Die Hirschwaldsche Wetterbeständigkeitsprüfung leidet, ebenso wie die »Natürliche«, an der Beschränkung der Gültigkeit ihrer Ergebnisse für den bestimmten Ort,
ja auch für die Zeit, wo und wann die Versuche angestellt worden
waren und denen die alten Verwitterungsproben entstammten.
Denn Klima und Luftverhältnisse sind örtlich und zeitlich sehr
ungleich und wechselbar, zumal bei der Abhängigkeit der letzteren von
den Rauchgasstätten. Dieser Mißstand macht sich aber besonders
schwerwiegend geltend für die Aufstellung der Hirschwaldschen Bewertungsklassen, deren benutzte Verwitterungsproben verschiedenen
Gegenden und Zeiten entstammten. Aber auch der Nachteil mangelnder Objektivität haftet den Werturteilen nach vorliegenden alten Verwitterungsproben an, die sich, nicht ohne eine gewisse Willkür, nach
dem bloßen höchst mannigfaltigen Erscheinungsbefund, nur sub-
jektiv, nicht ganz einwandfrei, sicher feststellen lassen, während — nebenbei bemerkt — auch das in Verlust gegangene Verwitte-
rungsmaterial nicht mehr erreichbar ist. Die benutzten, unbestimmt-
schwankenden Wertbezeichnungen bestätigen das. Im Gegensatz hierzu
steht die objektive Benutzung der Waage bei der »Abgekürzten
Wetterbeständigkeitsprobe« und die Auswertung der im Abschnitt II
noch nachzuweisenden wenigen, ganz typischen, zur Wertbeurteilung
hinreichend charakterisierten Frostzerstörungsformen. Endlich wäre die Hirschwaldsche Ermittelung der Werturteile streng genommen nur für Steine mit der gleichen Kombination der so mannig-
fach sich gegenseitig beeinflussenden Steineigenschaften zutreffend, und

auch das von Hirschwald mehrfach benutzte Additions- und Subtraktionsverfahren ist nur scheinbar mathematisch-korrekt. Denn es wird dabei einfach stillschweigend, aber irrigerweise angenommen, daß die Wirkungserfolge und Bewertungsanteile der einzelnen verschiedenen Steinbestandteile unverändert die gleichen blieben, auch wenn ein neuer Steinbestandteil hinzutritt, dessen Wertanteil eben zu ermitteln wäre. (S. U. M., § 7.) Es bezeichnen W_1, W_2, W_3 ... bzw. $\mathfrak{W}_1$, $\mathfrak{W}_2$ und $\mathfrak{W}_3$ die einzelnen Bewertungsanteile bei der natürlichen Steinverwitterung oder im Versuch; das eine Mal von den inneren Verwitterungsursachen (den verschiedenen einzelnen Steinbestandstoffen) aus gesehen, das andere Mal von den drei äußeren maßgebenden Verwitterungsursachen aus; in beiden Fällen unter stillschweigender Voraussetzung der jeweils nicht genannten Verwitterungsursachen (dort der äußeren, hier der inneren). Dann gilt für jeden Stein die Bewertungsgleichheit:

$$W_1 + W_2 + W_3 + \ldots = W \text{ oder auch } \mathfrak{W}_1 + \mathfrak{W}_2 + \mathfrak{W}_3 = W,$$

wobei W die Gesamtbewertung darstellt. Da aber jene Bewertungsanteile nun einmal schlechterdings nicht einzeln ziffernmäßig festzustellen sind, so ist auch W nicht nach Hirschwald einfach additiv oder subtraktiv zu ermitteln und es bleibt, in Bestätigung des Früheren, nur die getrennte Wertbestimmung nach dem »Abgekürzten« Verfahren übrig.

Abschnitt II.

Die Kombinierte Wärmewechselschaden-, Erweichungs- und Frostprobe.

Für den gesteigerten Wärmeangriff auf den Stein im Versuch möge mindestens das Dreifache der beobachteten Höchsttemperatur für Mitteleuropa zur Anwendung kommen, d. h. ein Wärmegrad von etwa 150°; für die Abkühlung ein Kältegrad von — 40° C, entsprechend der mitteleuropäischen Niedrigsttemperatur. Die mit der Diamantsäge hergestellten 5 bis 10 Probewürfel von 4 bis 10 cm Kantenlänge werden trocken — am einfachsten im Thermostaten mit Thermoregulator auf Drahtgestellen — etwa 4 Std. lang erhitzt und abwechselnd 25 mal auf Zimmertemperatur abgekühlt. Steine mit sichtbaren Schäden sind auszuscheiden. Gewichtsverluste γ_w der übrigen werden festgestellt. — Hierauf werden die Probewürfel wassergesättigt, und zwar nach vorheriger mehrwöchiger Wasserlagerung, in den Gefrierbehälter (nach Bauschinger oder Linde) gebracht, wo sie 25 mal je etwa 4 Std. lang bei etwa — 15° C gefrieren lassen und dann abwechselnd in Wasser von + 15° C wieder aufgetaut werden. Gewichtsverluste γ_f sind festzustellen. Durch die im Gegensatz zur seitherigen teilweisen Gepflogenheit hier ausdrücklich geforderte längere Wasserlagerung wird der möglichen Erweichbarkeit und Erweichung der Steine, wo letztere eintritt, im Versuchsausfall implizite Rechnung getragen. — Es könnte dann aber auch noch außerdem als Parallelversuch, ergänzend, doch unvorgreiflich, die Bestimmung des Sättigungsbeiwerts $S = \frac{\omega_2}{\omega_c}$ erfolgen. Hierbei bedeutet (mit Hirschwald) ω_2 die bei langsamem Eintauchen des Probekörpers in Wasser sich ergebende, ω_c die der vollständigen Porenfüllung entsprechende Wassermenge. Und es ist von Hirschwald bekanntlich ein mittlerer oberer Grenzwert von S für Frostbeständigkeit auf 0,8 normiert worden. Endlich könnte sich auch noch die sonst übliche Ermittelung der Naßfestigkeit der Steine anschließen, während zur Bestimmung ihrer für vorliegenden Zweck nicht wissensnotwendigen Trockenfestigkeiten in der gewohnten Weise auszuführende Versuchsreihen erforderlich wären. Aus Naß- und Trockenfestigkeit σ_n und σ_t (beide jedoch möglichst als Zugfestigkeiten ermittelt) würde sich füglich auch noch der sog. Erweichungskoeffizient ($\chi = \frac{\sigma_n}{\sigma_t}$ ableiten lassen. Vor allem aber läßt sich auf Grund ermittelter Zugfestigkeit der Grad der wichtigen Kornbindungsfestigkeit der Steine ermessen. Sie kommt in der Frostprobe, für die nun hier folgende Bildung der Beständigkeitsuntergruppen hinreichend, implizite mit zum Ausdruck. Ihre gesonderte Bestimmung ist jedoch öfters notwendig. Ein Beispiel hierzu liefert des Verfassers Arbeit über den Laaser Marmor in »Geologie und Bauwesen«, 8. Jahrg., Heft 3, Wien 1936. Dort ist u. a. dessen Wetterbeständigkeits-Überlegenheit über den Karrara-Marmor nachgewiesen. Diese würde durch den (noch fehlenden) Versuch nach dem vorliegenden Verfahren bestimmt bestätigt werden. Zu alledem vergleiche: »Hirschwald, Handb. d. bautechn. Gesteinsprüfung, Berlin 1912«; Kap. 6; Kap. 14, 310 u. f.; Kap. 13, 301 u. f. sowie Kap. 12 (Bestimmung der Kornbindungsfestigkeit). — S. auch »V. Pollack, Verwitterung i. d. Natur u. a. Bauwerken, Wien 1923« u. a.

Zur weiteren Bewertung der Steine innerhalb der Hauptgruppe II, also zur weiteren Gliederung von II, lassen sich nun nicht etwa die unterschiedlichen Frostfestigkeitsversuchsgrößen benutzen, da — wie der Verfasser nachgewiesen hat (U. M., § 15) — eine wirkliche, genaue Proportionalität zwischen jenen Zahlen, auch der strenggenommen maßgebenden Frostzugfestigkeitskoeffizienten und der Frostbeständigkeit selbst in Wirklichkeit gar nicht besteht. Auch die im Wärmewechsel- und im Frostversuch sich ergebenden Stoffverluste sind für sich allein nicht ohne weiteres zur engeren Steinbewertung tauglich, da bei diesen Verlusten auch die geänderte Erscheinungsform der Probekörper mitzusprechen hat. (Einem geringeren Gewichtsverlust kann z. B. u. U. ein größerer Schadenwert zukommen als einem größeren Gewichtsverlust und umgekehrt.) Ja, diese geänderte Erscheinungsform gerade ist es, die sich zur engeren Frostwiderstandsbewertung m. E. ausschließlich eignet. Im Gefrierversuch wird sich, bei dem allseitigen gleichmäßigen Frostangriff und bei schneller Abkühlung, im Probewürfel mit seinen Poreneiskräftchen zunächst ein Spannungszustand einstellen, nicht unähnlich wohl und einigermaßen vergleichbar den tangentialen Zugspannungen σ_t in Oberflächennähe und den radialen Druckspannungen σ_r im Innern einer schnell abgekühlten Gußeisenkugel mit ihren Eigenspannungen[1]). Ein tieferer Einblick in die wirkliche wechselnde Spannungsverteilung aber ist im vorliegenden Falle versagt und natürlich noch weniger möglich als dort für jene gedachte Kugel. Auch bei dem Steinprobewürfel jedoch werden die bestimmt auftretenden Zugspannungen parallel zur Oberfläche beim Versagen des Materialwiderstandes das bekannte so bezeichnende Kanten und Ecken abrundende »Absanden«: das »Abkanten« und »Abecken« (auch leichtes »Abflächen«) hervorrufen. Von zwei oder drei Seiten her zusammenwirkend, kann es sich u. U. sogar bis zu fast

Abb. 1. Zerstörungsform 1.   Abb. 2 und 3   Zerstörungsform 2.

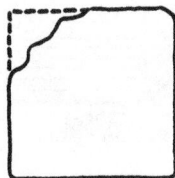

kugeliger Gestalt des Probewürfels steigern, was bei dem einseitigen Frostangriff im Mauerwerk aber allerdings ausgeschlossen ist. Die so vorliegende Zerstörungsform 1 siehe Abb. 1 sowie Abb. 7; 72i oder 30 i[2]). Eine weitere Zerstörungsform 2 (s. Abb. 2 und 3 sowie Abb. 7; 74c) ist augenscheinlich nicht oder weniger an die Außenflächen, Kanten und Ecken des Probewürfels gebunden, sondern tiefer in das Steininnere eingreifend. Ihre Entstehung kündigt sich im Anfang meist durch feine Rissebildung an, die dann zur Schadenform 2 führt, d. h. zu einem tiefer gehenden »Abflächen« bis zum entsprechenden »Abbau« des Würfels parallel einer Lagerfläche oder zu einem »Ab- und Ausbröckeln« oder auch nur zur »Absprengung von Ecken und Kanten«. Dieser Schadenform entspricht im Falle ausgesprochener Spaltneigung des Steins als Gegenstück ein kräftiges fortgesetztes »Abschichten« und eigentliches »Ab-

---

[1]) Vgl. § 47 (S. 302 u. f.) bei »Föppl, Vorlesungen über techn. Mechanik, Bd. 5, Leipzig 1907, Verl. von B. G. Teubner« sowie »Fillunger, Der Auftrieb in Talsperren, Wien 1913«, und auch »Fillunger, Wie ist natürliches Gestein auf Frostbeständigkeit zu prüfen?«, in der Zeitschr. »Geologie und Bauwesen« 1930, Heft 4.

[2]) Abb. 7 und 8 nach »A. Hanisch, Frostversuche mit Bausteinen der österr.-ungar. Monarchie, Wien 1895, Verl. von C. Graeser«, S. 4 und 5, Tafel IV und I.

— 16 —

blättern« desselben, d. h. die Zerstörungsform 3, s. Abb. 4. Endlich kommt noch eine Zerstörungsform 4 (s. Abb. 5 und 6 sowie Abb. 8, 6f und 6m) vor: ein vollständiges Durchreißen des Steins bei sonst zunächst meist unversehrter Erhaltung. Die Erklärung des Entstehungsvorgangs der Zerstörungsformen 2 und 4 begegnet Schwierigkeiten. Die Form 4 erweckt den Anschein, als ob hier ein gleichmäßiges, symmetrisches Zusammen- und Gegenwirken aller Innendrücke beiderseits einer sich darnach herausbildenden Trennungsebene durch Würfelmitte am Werk wäre. Denn ein so geordnetes System von inneren Kräften würde den gleichen Sprengwirkungserfolg haben, den Form 4 zeigt. Auch 4, ja 8 Teilkörper könnten darnach entstehen und die vollständige Zertrümmerung des Steines vorbereiten. Eine solche, natürlich durch die besondere Materialbeschaffenheit mitbedingte Wirkungsgleichmäßigkeit nach allen Seiten hin fehlt jedenfalls im Zer-

Abb. 4.
Zerstörungsform 3.

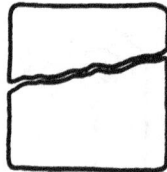

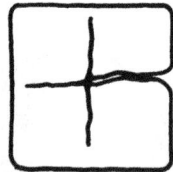

Abb. 5 und 6. Zerstörungsform 4.

störungsfalle 2. Genug: die Art- und Formunterschiede in den Fällen 1, 2, 3 und 4 sind vorhanden und in der Regel hinreichend deutlich. Diese vier Zerstörungsformen nun liefern sogleich vier Bewertungsuntergruppen zur Hauptgruppe II. Die gefährdendste Zerstörungsform, der die Untergruppe mit den am geringsten zu bewertenden Steinen entspricht, ist offenbar 3 (s. Abb. 4). Denn die schiefrigen, spaltenden, schichtigen Steine sind im allgemeinen wegen der strengen durchgehenden Lagerung der Kohäsionsminima auf Parallelflächen die frostgefährdetsten und widerstandsschwächsten. Die hier frühzeitig auftretenden feinsten Spaltrißchen werden, nach erfolgter Wasseraufnahme, leicht durch Frost erweitert, dadurch noch wasseraufnahmefähiger und noch frostbedrohender usw. Die betreffende Untergruppe erhält die Bezeichnung II_4. Nicht zu II_4, sondern zu I dagegen rechnen die gebräuchlichen Dikten vieler Dachschiefer (Tonschiefer), z. B. von Lehesten, Port Madoc usw. Am wenigsten gefährdend, wenn auch u. U. stark entformend, weil aber am wenigsten tief in den Steinbestand eingreifend, ist die Zerstörungsform 1, deren entsprechende Untergruppe der Hauptgruppe I am nächsten steht und mit II_1 zu bezeichnen ist. Dann folgt als zweitwenigstgefährdende, weil entschieden tiefer in den Steinbestand eingreifend, die Zerstörungsform 2, eine Untergruppe II_2 bestimmend, und endlich die (abgesehen von II_4) tiefststehende Untergruppe II_3 (die der Zerstörungsform 4 entspricht). Diese

Rangordnung nach dem Frostversuchsausfall unter allseitigem Frostangriff (s. Teilspalte a von Spalten 1 und 9, Tafel I) ist jedoch
für II_3 die maßgebende, strenggenommen nur im Falle rings luft-

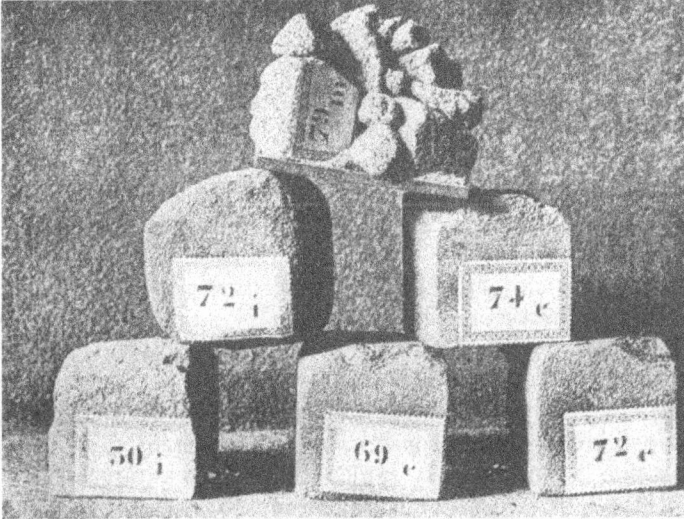

Abb. 7.

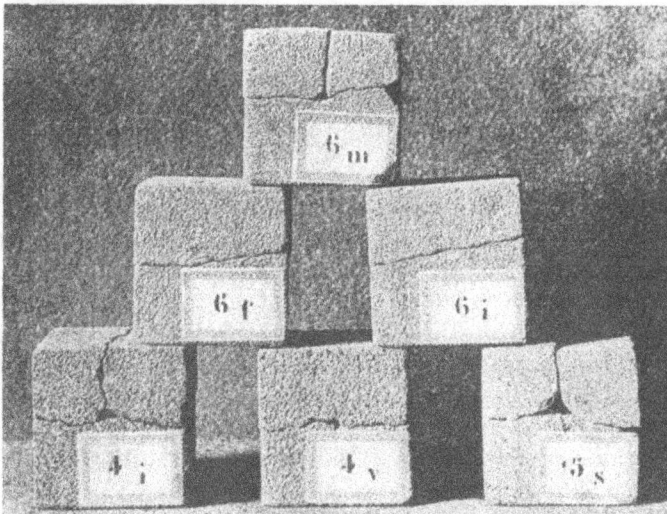

Abb. 8.

umgebener Steinverwendung (zu Endigungen, Fialen usw.). Für
Steine, die sich als zur Gruppe II gehörig erweisen, würde das entsprechende Zerstörungsmerkmal die Gefahr des völligen Durch-

reißens und Zersprengtwerdens des Steines bedeuten. Bei gewöhnlicher, vorwiegender Steinverwendung im Verband des aufgehenden Mauerwerks, s. Teilspalte b von Spalte 1 und 9, wo es sich nur um einseitigen und dazu noch beschränkteren Frostangriff handelt, also das Zerstörungsmerkmal 4 gar nicht vorkommen kann, bleibt zwar wohl das Wertverhältnis II_1 zu II_2 annähernd dasselbe. Dagegen würde für die betreffende praktische Steinverwendung b (zu aufgehendem Mauerwerk) die Bewertung als II_3 viel zu scharf, geradezu falsch ausfallen. Vielmehr rückt, wegen der sonstigen tadellosen Haltung des Steines im Frostversuch, die Untergruppennummer eine Stufe höher, zu II_2, hinauf, wobei aber gleichzeitig auch noch den hier (im Fall b) allenfalls möglichen andersartigen Frostschäden hinreichend Rechnung getragen wäre. Nur daß jetzt auch der Gruppencharakter (II_2) als ein etwas anderer zu denken ist! Sonach gibt es für b nur noch drei Bewertungsuntergruppen II, nämlich II_1, II_2 und II_4. Vergleiche hierzu auch Tabellenspalte 8 für II_3. Die dortige Bemerkung ist auch zu beachten, wenn Material der Gruppe II_1 vorliegt. (Die Klammern mögen diese Umstände andeuten.) Zu II_1 gehören vorzugsweise Sandsteine und auch sonst wohl manche Steine feinkörniger Art, Silikatgesteine kaum; zu II_2 zählen meist grobkörnigere, doch auch wohl mitunter dichte Kalksteine, Konglomerate; seltener Silikatgesteine. Für II_3 kommen nur Steine mit ganz gleichmäßigem Gefüge und ganz ebensolcher Festigkeit in Betracht. — Andere Frostschadentypen als die der Bewertungsgruppen I, $II_{1\ 3}$ und II_4 können nach ihrer hier versuchten versuchsmäßig-genuinen Ableitung nicht vorkommen. Durch die in der Regel unzweideutige Umgrenzung der Zerstörungsbilder 1, 2, 3 und 4 und der dadurch bestimmten Untergruppen ist die Frostbewertungsordnung festgelegt. Selbstverständlich könnten an Steinen aber auch Merkmale mehrerer Untergruppen zugleich auftreten. (»Gemischte« Zerstörungsformen.) Dann ist die tiefstehendste derselben zu benutzen. Dasselbe gilt auch im etwaigen Zweifelsfalle, ob Gruppe II_1 oder II_2 maßgebend sei.

Wir kommen zum Schluß noch einmal auf die Wärmeschadenprobe und ihren Einfluß auf die Frostprobe kurz zurück. Die durch die Ausdehnung der Probekörper bei der Erwärmung hervorgerufenen Wärmespannungen werden zu einer Schwächung des Materials führen und so den Frostspannungen in gleichem Sinne vorarbeiten können. Dies um so mehr wegen der mit der Erwärmung wechselnden Abkühlung. Bei homogenem und isotropem Stein würden die Wärmespannungen bei der gleichen Ausdehnung aller Teilchen nicht sehr erheblich sein können und ebenso die Kältespannungen (abgesehen von den Frostspannungen). Die Wärmewechselprobe ist von Bedeutung mehr nur für gefügemäßig ungleichmäßige Steine, zumal bei unregelmäßiger Einlagerung räumlich und stofflich ungleicher größerer Bestandstücke,

z. B. von Feldspäten in Graniten oder Porphyren. Die verschieden-
großen Wärmeausdehnungskoeffizienten dieser Bestandstücke und ihrer
Umgebung, ja sogar desselben Bestandstückes nach verschiedenen
Richtungen hin, verursachen Spannungen, die zu Sprengrissen führen
können mit völlig unberechenbarem Erfolg für den Probekörper. Durch
die Wärme- und Kältespannungen wird der petrographische Charakter der Gesteine natürlich nicht geändert. Nur die Festigkeitsver-
hältnisse können in gewisser Weise Änderungen erleiden. Der Wärme-
wechselvorgang wird aber auch die letzten Endes durch den petrographischen Charakter bedingte Untergruppenteilung nicht umzu-
stoßen vermögen. Denn die Tangential- und Radialspannungen, die entsprechenden plötzlich und unwiderstehlich wirkenden Poreneis-
drücke, auf die jene Gruppenteilung sich gründet, übertreffen weitaus
die durch den Wärmewechsel örtlich hervorgerufenen, an groben Ge-
steinsstücken und in ihrer Nachbarschaft auftretenden Spannungen,
die schwach und allmählich, hauptsächlich erst bei Wiederholung sich
betätigen. Dennoch können die davon herrührenden, sich mehr und
mehr erweiternden Sprengrisse ihrerseits nach Wasseraufnahme wieder
Frostwirkungen verursachen. Nach Feststellung solcher sichtbaren
Schäden mittels Wägung, Lupe und Tränkungsversuchen wären die
betroffenen Steine aus der Bewertungsuntergruppe, zu der sie gehören,
einer zwischen dieser und der nächstnieder stehenden Zwischenunter-
gruppe zuzuweisen oder gar ganz auszuscheiden. Dieses Vorgehen wäre
auch am Platze, wenn Steine von Haus aus — sei es schon vom Bruche
her, sei es infolge der Behandlung — haarrissig sind.

Abschnitt III.

Die Abgekürzte Agenzienprobe, mit Beispielen.

Zur Ausführung des »Abgekürzten« Agenzienversuchs dient eine
Apparatur folgender Art. Benutzt wird eine Batterie von einzeln der
Reihe nach entfernbaren, 24 cm hohen, 7 cm weiten Versuchsflaschen
aus weißem Glas, die zu etwa ½ ihrer Höhe mit (295 cm³) chemisch
reinem Wasser gefüllt werden, s. Abb. 9 und 10. Durch dreifach durch-
bohrte Kautschukstopfen ist das Zuleitungsrohr z für die drei Versuchsgase O, CO_2 und SO_2 bis über den Wasserspiegel, das Gasableitungs-
rohr a bis auf einige Zentimeter unterhalb des Stöpselendes in die
Flaschen eingeführt. Beide Glasröhren sind zu beiden Seiten der Probeplatten p etwas auseinandergebogen. Die dritte, mittlere Durchbohrung
des Kautschukstöpsels nimmt den gläsernen Tauchstab t mit der Öse
für den Platindraht zur Befestigung der Probeplatte auf, die zeitweilig
in die Versuchsflüssigkeit zu tauchen ist. Die Gasleitungsröhren sind,
5 mm stark, oberhalb des Stöpselendes rechtwinklig umgebogen und
durch Kautschukschlauchstücke miteinander verbunden. An beiden

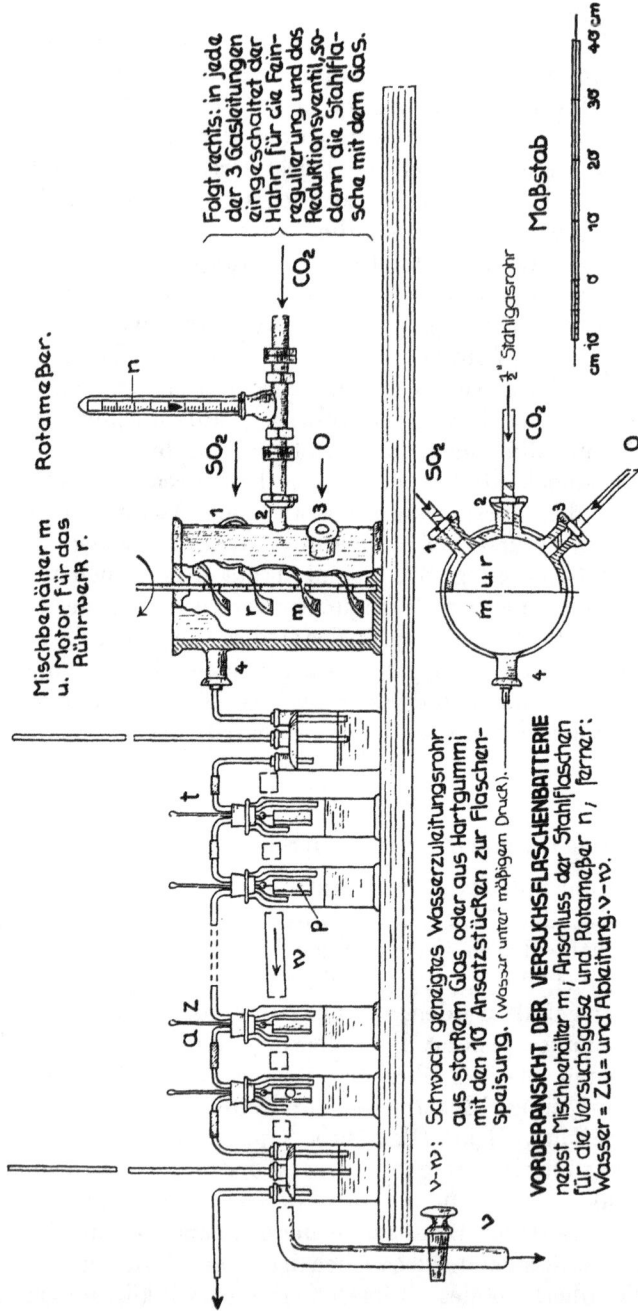

Abb. 9.

Folgt rechts: in jede der 3 Gasleitungen eingeschaltet der Hahn für die Feinregulierung und das Reduktionsventil, sodann die Stahlflasche mit dem Gas.

CO_2

Rotamesser.

n

SO_2

O

Mischbehälter m u. Motor für das Rührwerk r.

SO_2

CO_2

O

$\frac{1}{2}$" Stahlgasrohr

Maßstab

cm 10   0   10   20   30   40 cm

v–w: Schwach geneigtes Wasserzuleitungsrohr aus starkem Glas oder aus Hartgummi mit den 10 Ansatzstücken zur Flaschenspeisung. (Wasser unter mäßigem Druck).

VORDERANSICHT DER VERSUCHSFLASCHENBATTERIE nebst Mischbehälter m, Anschluss der Stahlflaschen für die Versuchsgase, Rotamesser n, ferner: Wasser = Zu- und Ableitung v–w.

Enden der Flaschenbatterie ist je eine dreifach tubulierte Woulfsche Flasche mit etwa 1 m langer Sicherheitsröhre vorgelegt. An die erste Woulfsche Flasche ist der auf dem Versuchstisch befestigte Gaszuleitungsbehälter m aus Steingut vollständig gasdicht angeschlossen. Von der anderen Woulfschen Flasche am Batterieende führt eine Glasröhre zur Ableitung der überschüssigen Versuchsgase ins Freie. Diese werden im verdichteten Zustande bezogen.

Aus Gründen der Vergleichsmöglichkeit wären für alle künftigen »Abgekürzten Agenzienproben« einheitliche (womöglich internationale) Bestimmungen unbedingt erforderlich, die sich auf das Verhältnis der drei Versuchsgasmengen, ihre Gesamtmengen und die Dauer ihrer Durchleitungszeiten, also die Wirkungsdauer und die Gesamtdauer des Versuchs, auf die gleichmäßig zu erhaltende Durchflußgeschwindigkeit der Gase, ferner auf die Zahl und Dauer der Tauchungen der Probeplatten zu erstrecken hätten. Die Bestimmungen müßten auch das anzuwendende einheitliche Plattenformat (Normalformat), die Plattenzahl zwecks Mittelbildung, das Verfahren des Trocknens usw. regeln. Wünschenswert ist es, jedem Agenzienversuch zwei Vergleichsmaterialien mit zu unterwerfen: das eine der oberen, das andere der unteren

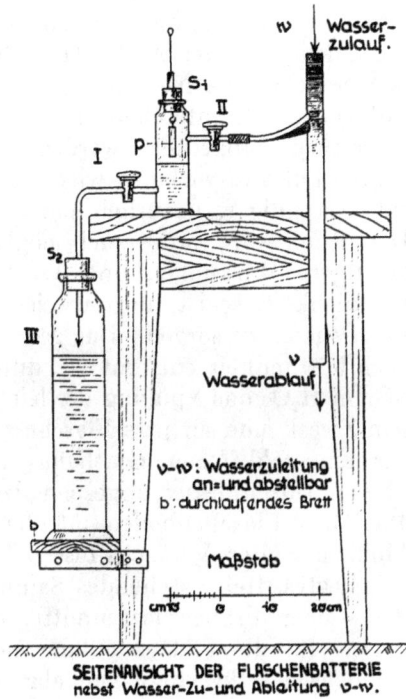

SEITENANSICHT DER FLASCHENBATTERIE nebst Wasser-Zu-und Ableitung v-w.

Abb. 10.

Grenze der Steinangreifbarkeit entsprechend, etwa Karraramarmor und Quarzit. Praktisch wäre wohl auch die Mitbenutzung einiger weiteren solcher Vergleichsstücke von bereits baulich bewährten oder zu verwerfenden Steinsorten. Gleichfalls natürlich nach einheitlicher Vorschrift. Nach Abschluß des Versuchs wird jede der Probeplatten in einer besonderen Kristallisationsschale in chemisch reinem Wasser gewaschen, getrocknet und wieder gewogen. Der Gewichtsverlust gegen das Anfangstrockengewicht wird bestimmt, auf Hundertteile des letzteren berechnet und, mit φ bezeichnet, der Steinbewertung mit zugrunde gelegt, nachdem vorher später zu besprechende Berichtigungen und Ergänzungen angebracht worden waren.

Es ist anzunehmen, daß in den Versuchsflaschen auf den Probeplattenflächen und in geringer Tiefe auch im Steininneren während des

Versuchs verwickeltere Salzneubildungen entstehen, die bei größerer Anhäufung die eigentliche Wirkung des Versuchsgases hemmen könnten. Gemeint sind mit diesen Neubildungen diejenigen, die durch Wechselwirkung der primären Verbindungen entstehen könnten, welche ihrerseits von der Wirkung von H_2O, O, CO_2 und SO_2 bzw. SO_3 auf die Steinbasen herrühren. Eine allzu große Anhäufung dieser sekundären Bildungen ist zu vermeiden, d. h. es ist die Dauer ihrer Anwesenheit und ihre Einwirkungsmöglichkeit auf die Platten auf das Maß zu beschränken, das der Außenwirklichkeit tunlichst entspricht. Auch dort ja werden solche Neubildungen, obzwar nur in geringerer Menge, sehr wahrscheinlich entstehen, aber im allgemeinen durch das Regenwasser hinreichend abgeführt werden. Dadurch werden die Steine der erneuten Luftstoffwirkung wieder zugänglicher, und es vollzieht sich so ein beständiger, natürlich unregelmäßiger Kreislauf in diesem Sinne. Dieser nun wäre im Versuch möglichst nachzubilden. Da aber hier weit kräftigere Wirkungen und Wechselwirkungen stattfinden als in der Wirklichkeit, so ist für zeitweise in Wirkung tretendes reichliches Lösungswasser zu sorgen. Das geschieht, nachdem die Agenzienflüssigkeit nach Möglichkeit entfernt ist, durch Einlassen von frischem, chemischreinem H_2O, das Spülung der leicht bewegten Platten bewirkt. Zu diesem Zweck sind an jede Flasche zwei einander gegenüberstehende, mittels eingeschliffenen Glashahns abschließbare Glasröhren von gegen 10 mm Durchmesser angeschmolzen, s. Abb. 10. Die eine, etwa 3 cm über dem Flaschenboden mündende Glasröhre I dient zur zeitweisen Abführung der Versuchsflüssigkeit sowie des Spülungswassers in ein vorgelegtes, tiefer stehendes Sammelgefäß III. Durch die etwas höher, etwas über Probenplattenmitte, einmündende Glasröhre II wird das Wasser für die Plattenspülung zugelassen, während die Zuleitung der Versuchsgase für kurze Zeit abgestellt ist. Die Gummistöpsel der Flaschen besitzen noch eine vierte bzw. zweite Durchbohrung (s_1 bzw. s_2) für den nötigen Luftaustritt, die durch je einen Glasstöpsel verschließbar ist. (Statt dessen könnten auch die Gummistöpsel einfach etwas gelüftet werden.) Es ergibt sich folgender

Gang der Spülung (nach Abstellung der Gaszuleitung):
1. Ablassen der Versuchsflüssigkeit: Hahn II geschlossen; s_1 und s_2 offen; Hahn I offen.
2. Wasserzulauf zur Versuchsflasche bis oben hin: Hahn I geschlossen; s_1 offen; Hahn II offen.
3. Ablassen des Spülungswassers: Hahn II geschlossen; s_1 und s_2 offen; Hahn I offen.
4. Wiederholung von 2 und 3.
5. Wasserzulauf zur Versuchsflasche bis unter die Probeplatte: Hahn I geschlossen; s_1 offen; Hahn II offen.
6. Erneute Gaszuleitung: Hahn I, s_1 und s_2 sowie Hahn II geschlossen.

In den Sammelflaschen findet sich schließlich nach Beendigung des Versuchs die Gesamtmenge der entführten gelösten Plattenstoffe nebst den Waschwässern vor. Auf dem Flaschenboden stellen sich u. U. als Unlösliches etwas Bodensatz und, jedoch seltener, feste Abgänge der Probeplatte ein. Hinsichtlich der Gaszuleitung wird folgende Anordnung empfohlen, die sich der bei den Flörkeschen Versuchen[1]) anschließt. Man läßt die drei Versuchsgase nicht wechselnd nacheinander, sondern gleichzeitig, d. h. in angemessenem Verhältnis gemischt, die Flaschenbatterie durchstreichen. Das ist nicht nur bequemer, sondern auch wirklichkeitsnäher. Technisch wird das Vorgehen durch Vorlage des vierfach tubulierten zylindrischen Steingutmischbehälters m für die drei Versuchsgase am Batterieanfang ermöglicht, s. Abb. 9. Die drei Tuben oder Stutzen 1, 2 und 3 vermitteln einzeln den Anschluß der Stahlflaschen für die drei Gase unter Zwischenschaltung je eines Gasmessers, der es erlaubt, bestimmte Mengen der drei Gase in den Mischbehälter eintreten zu lassen, um die gewünschte Mischung stetig zu erhalten. Dann gelangt die Gasmischung durch den vierten Stutzen 4 in das angeschlossene Gaszuleitungsrohr der Flaschenbatterie.

Die Ergebnisse der chemischen Einwirkung der nennenswert aktiven Luftstoffe, einschließlich der Rauchgase, auf die Bausteine sind, im Bauverbandsverhältnis wie im Versuch, d. h. bei der »Natürlichen« wie bei der »Künstlichen« Agenzienwirkung, im wesentlichen die folgenden:

Der Luftsauerstoff (O) oxydiert etwa im Stein vorhandene FeO-Verbindungen höher und führt im Verein mit der H_2O-Wirkung zur Bildung von Eisenoxydhydrat $Fe_2(HO)_6$.

Die Verwitterung der Silikate in der freien Natur (bei Abwesenheit also von Rauchgasen) wird eingeleitet durch die hydrolytische Wirkung des Wassers (H_2O). Es findet eine Dissoziation des H_2O in H-Kationen und OH-Anionen statt:

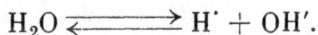

$$H_2O \rightleftarrows H^\cdot + OH'.$$

Darauf beruht die schwache Aktivität des H_2O, das als Säure oder als Base wirkt, je nachdem eine Base oder eine Säure ihm gegenübertritt.

Es kommt hinzu der Angriff der
Kohlensäure (CO_2) und in Stadt- und Industriebezirken der der Rauchgassäuren: Schweflige Säure (SO_2) und Schwefelsäure (SO_3).

Bei der hydrolytischen Gesteinszersetzung gehen ohne weiteres in Lösung: freie Alkalien, wasserhaltiges Alkalisilikat und Kieselsäurehydrat; daneben: Bikarbonate. An unlöslichen Verbindungen werden

---

[1]) Siehe »W. Flörke, Über die künstliche Verwitterung von Silikatgesteinen unter dem Einfluß von schwefeliger Säure, Dr.-Dissertation, Gießen 1915«.

gebildet: kolloide wasserhaltige Aluminiumsilikate, kolloide wasserhaltige Eisenoxydsilikate, Eisenoxydhydrate und wasserhaltige Magnesiumsilikate. Aber auch diese Neubildungen können, immer nur in kleinen Mengen sich bildend, von hinreichend vorhandenem Wasser fortgeschwemmt werden.

Die Luftkohlensäure führt die schwerlöslichen Karbonate der eigentlichen Kalkgesteine sowie der sonstigen kalkhaltigen Steine in leichtlösliche primäre Karbonate über und greift mit der Zeit, jedoch in geringerem Maße, selbst die Silikate an.

Die Rauchgassäuren führen vorhandene Karbonate sowie die gebildeten primären durchweg in leichtlösliche Sulfate über, mit einer gewissen Ausnahme. Sodann wirken die Rauchgassäuren den Silikaten gegenüber in erheblich stärkerem Maße als die Kohlensäure, unter Ausscheidung von Kieselsäurehydrat, gleichfalls auf schließliche Bildung leichtlöslicher Sulfate hin.

Die erwähnte Ausnahme betrifft den bei Anwesenheit von Kalziumkarbonat ($CaCO_3$) gebildeten und bei nur spärlichem Vorhandensein von Lösungswasser nicht entführbaren schwefelsauren Kalk ($CaSO_4$) oder vielmehr Gips $= CaSO_4, 2 (H_2O)$. Hiervon 1 g bedarf zur Lösung bei 18° C etwa 400 bis 500 g reinen Wassers. Das wasserhaltige Kalziumsulfat ist hiernach zwar in Wasser nicht gerade leicht löslich, jedoch viel leichter, als Kalziumkarbonat sogar in CO_2-haltigem H_2O löslich ist. In verdünnten Säuren (auch in Salzlösungen) löst sich Gips noch leichter. Trotz alledem kann es bei dafür günstigen Umständen zu Gipsansatz auf dem Stein oder u. U. im Steininneren kommen. Diese Gipsbildung hat dann naturgemäß eine Gewichtszunahme zur Folge. Sie bleibt aber völlig unbemerkt und verdeckt, wenn sie durch den gleichzeitigen Gewichtsverlust des Steinstückes zufällig ganz ausgeglichen oder von ihm übertroffen wird. Ist dieser Ausgleich nur ein teilweiser, so erscheint das Steinprobengewicht zwar erhöht, das Versuchsergebnis ist jedoch irreführend und nur in ganz grober Weise zutreffend oder gar unbrauchbar. Bei der bloßen Erhebung des Endtrockengewichts der Probeplatte wird also einerseits der wirkliche Stoffverlust der Steinprobe verdeckt und andererseits ist die in das Ergebnis eingegangene etwaige Gewichtszunahme nicht ersichtlich. Es muß darum in allen Fällen, in denen ein Kalkgehalt des Steins (gewöhnlich als $CaCO_3$) durch Aufbrausen mit Salzsäure nachweisbar ist, die Gewichtsmenge der im Versuch aufgenommenen SO_3 unbedingt festgestellt und dann auf das vorläufige Versuchsergebnis angerechnet werden, als erste notwendige Korrektur der rohen Endtrockengewichtsbestimmung.

Aber es gibt noch einige andere Möglichkeiten für die Gewichtserhöhung der Steinproben. Beim wechselnden Auftreten und Ausbleiben von SO_2 in der Luft und Mangel an Lösungswasser kann, bevor die SO_2 zu SO_3 oxydiert wird, statt des leichter löslichen Ca-Sulfats und des gleichfalls gut löslichen sauren oder primären Sulfits auch neutrales schwefligsaures Kalziumoxyd oder sekundäres Kalziumsulfit: $CaSO_3$ zustande kommen, das in H_2O äußerst schwer löslich ist und am Stein haftet. Das gleiche gilt von dem neutralen Sulfit $Al_2(SO_3)_3$ und der entsprechenden Eisenverbindung. Mit allen diesen schwerlöslichen Neubildungen wäre im Agenzienversuch zu rechnen. Endlich auch mit der Bildung unlöslicher Hydroxyde von Al und Fe, die in der freien Natur als Verwitterungsprodukte an Silikatgesteinen vorkommen, aber auch von Wilh. Flörke bei seinen Versuchen »Über künstliche Verwitterung von Silikatgesteinen unter dem Einfluß von schwefliger Säure« als Bodensatz der Versuchsgefäße und zuweilen als Plattenbelag festgestellt wurden. Ich selbst hatte Ähnliches beobachtet. Auch mit ungelöst gebliebenem Kieselsäurehydrat wäre zu rechnen. Alle durch diese nicht entführbaren Neubildungen erfaßten Steinstoffmengen blieben unberücksichtigt, wollte man sich lediglich an das Ergebnis der Schlußwägung halten. Und doch sind das alles nachteilige molekular-lockernde Materialveränderungen infolge der Agenzienwirkung.

Zusammenfassend aufgeführt sind die im Agenzienversuch bzw. im Bauverband und in der Naturfreiheit verändernd auf die Steine wirkenden Vorgänge die folgenden:

1. Lösung von Steinstoffen (im Versuch in Flaschen gesammelt),
2. Verflüchtigung von Steinstoffen (nur CO_2),
3. Abspaltung und Anhäufung von ungelösten Stein- bzw. Umwandlungsstoffen beim Versuch, und zwar in Gestalt
   a) von Bodensatz   } auf dem Versuchsflaschenboden
   b) von Abgangsstücken } befindlich,
   c) von einer an der Probeplatte oder am Baustein oder an Steinen in der Naturfreiheit erscheinenden Verwitterungsrinde oder eines Verwitterungsbelags.

Außerdem gibt es noch eine ziffernmäßig völlig unerfaßbare Art von Steinveränderung: die Verfärbung.

Nach dem Gesagten gilt es nunmehr, zwecks Ermittelung des wahren schädlichen Verlustes an Steinsubstanz zunächst die Gewichtsmengen der im Versuch zu den Steinbasen möglicherweise hinzugetretenen, gewichterhöhenden Versuchsstoffe O, H_2O, SO_2 und SO_3 (und allenfalls auch noch den etwaigen Verlust an CO_2) festzustellen. Das kann wie folgt geschehen.

a) Die der Versuchsflasche entnommene Probeplatte möge das Endtrockengewicht g_f besitzen. Es ist das »scheinbare« Plattengewicht nach dem Versuch, zu erheben an der von etwa vorhandenem Verwitterungsbelag befreiten, gereinigten Platte. Diese oder eine große Probe davon wird fein zerkleinert und in vier abgewogene Teile 1, 2, 3 und 4 zerlegt. Ein Teil 1 wird zur Bestimmung der Sulfat-Schwefelsäure längere Zeit in der Wärme mit H_2O behandelt und filtriert. Im Filtrat wird die SO_3 bestimmt und auf das Plattengewicht g_f umgerechnet (nach Abzug etwa bereits von vornherein vorhanden gewesener SO_3-Menge). Das Ergebnis sei g_{s_1}.

b) Ein anderer Teil 2 der zerkleinerten Platte wird gleichfalls mit H_2O, jedoch unter Zusatz von Bromwasser, längere Zeit in der Wärme behandelt, um die etwa vorhandenen ungelösten neutralen Sulfite in lösliche Sulfate überzuführen. Hierauf filtriert man, bestimmt im Filtrat wieder die SO_3 und rechnet sie (nach Abzug etwa bereits von vornherein vorhanden gewesener SO_3-Menge) auf g_f um. Das Ergebnis sei g'_{s_2}. Ihm entspricht eine aufgenommene SO_2-Menge $= g'_{s_2} \cdot \dfrac{64}{80} = 0,8 \cdot g'_{s_2} = g_{s_2}$.

c) Damit berechnet sich weiter die Gewichtsmenge der von der SO_2 ausgetriebenen $CO_2 = g_{s_2} \cdot \dfrac{44}{64} = g_{c_2}$; die der wirksamen SO_3-Menge g_{s_1} entsprechende Menge an ausgetriebener $CO_2 = g_{s_1} \cdot \dfrac{44}{80}$. Sie sei mit g_{c_1} bezeichnet und es werde $g_{c_1} + g_{c_2} = g_c$ gesetzt.

Es sollen ferner bedeuten

g_a das Anfangstrockengewicht der (frischen) Probeplatte,

g_o die noch unbekannte Gewichtsmenge des zur Oxydation des möglichen FeO-Gehalts des Steins verwandten O,

g_w die zur Gipsbildung, Kieselsäurehydratbildung und zur Bildung der Eisen- und Aluminium-Oxydhydrate benötigt gewesene H_2O-Menge.

d) Die Bestimmung von g_w kann erfolgen, indem man einen dritten der abgewogenen Plattenteile 3 gepulvert in einem Verbrennungsrohr starker Glühhitze aussetzt, das entweichende H_2O in einem gewogenen Chlorkalziumrohr auffängt und davon die Wassermenge abzieht, die sich möglicherweise bei dem gleichen, an einer Probe des frischen Materials angestellten Glühversuch ergeben hatte. Selbstverständlich ist dabei Zurückrechnung der Ergebnisse auf das Plattengewicht nach und vor dem Agenzienversuch.

e) Die Bestimmung von g_o erfolgt, indem man für gleiche Gewichtsmengen des frischen Steins und des im Versuch veränderten (also unter Mitbenutzung des Probenteils 4) den FeO-Gehalt der Proben — falls es sich um ein Silikatgestein handelt — nach dem bewährten, einfachen Verfahren von Petersen ermittelt. Die zur Überführung des Unterschieds der beiden Ergebnisse für FeO in Fe_2O_3 erforderlich gewesene O-Menge ist das gesuchte g_o. Das Petersensche Verfahren[1] besteht in folgendem: »Die Substanz wird in einem Kolben aus eisenfreiem Glase

---

[1] S. »Neues Jahrb. f. Mineralogie 1869; 32«.

mit konzentrierter Schwefelsäure und rauchender wässeriger Flußsäure erwärmt, nachdem durch ein Stückchen Marmor und wenig Schwefelsäure die im Kolben befindliche Luft durch Kohlensäure verdrängt worden ist. In kürzester Zeit ist das Silikat zerlegt, worauf mit kaltem Wasser verdünnt und das FeO mit Chamäleonlösung titriert wird.« Handelt es sich nicht um Silikatgesteine, sondern z. B. um Kalksteine, so wird — ceteris paribus — die Flußsäure durch Salzsäure ersetzt.

Mit den jetzt bekannten von außen zu der Probeplatte hinzugetretenen gewichtserhöhenden Stoffmengen g_{s_1} und g_{s_2}, g_o und g_w berechnet sich nunmehr leicht das »wirkliche«, d. h. berichtigte oder »reduzierte« Gewicht der durch den Versuch veränderten Probeplatte:

$$g_e = g_f - (g_{s_1} + g_{s_2} + g_w + g_o)$$

oder, wenn kürzehalber

$$g_{s_1} + g_{s_2} + g_o + g_w = g_z$$

gesetzt wird,

$$g_e = g_f - g_z.$$

Damit folgt der Stoffverlust g der Probeplatte:

1) $g = g_a - g_e$

oder   1a) $g = g_a - g_f + g_z$

oder   1b) $g = g_a - g_f + (g_{s_1} + g_{s_2} + g_o + g_w)$.

Die Bestimmung von g_w und g_o (nach d und e) ist insbesondere dann unvermeidlich, wenn der Stein erhebliche Mengen (etwa 1,5% oder mehr) von Eisenkies (FeS_2) enthält (wie zuweilen bei Dachschiefern und Sandsteinen). Dieses Erz zersetzt sich durch Einwirkung von O und H_2O der Luft, unter bedrohlicher Volumvermehrung, nach der chemischen Gleichung:

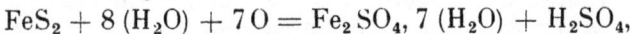

$$FeS_2 + 8\,(H_2O) + 7\,O = Fe_2SO_4,\, 7\,(H_2O) + H_2SO_4,$$

also unter Bildung freier Schwefelsäure und wasserlöslichen Eisenvitriols. Letzterer kann weiterhin zur Bildung von Eisenoxyd und Eisenoxydhydrat führen, wodurch erneut Aufnahme von O und H_2O bedingt ist. Alles für die Verwitterung schwerwiegende Vorgänge! Die Berücksichtigung der Schwefelkieszersetzung bei der ganz exakten Feststellung von g ist etwas umständlich, aber unschwer durchführbar.

Die erwähnte, der gesamten SO_3-Menge $g_{s_1} + g_{s_2}$ entsprechende Gipsbildung bedeutet auf jeden Fall, auch ohne sichtbare Schäden, eine stoffliche Verschlechterung des kalkhaltigen Steins. Denn Gips ist 2- bis 7mal so leicht im Luftwasser (eigentlich in reinem Wasser) löslich als Kalziumkarbonat. Er ist ferner als Neubildung, ja als Gipsfels, von geringerer Festigkeit und Härte als steiniges Kalkkarbonat. Dieses Verhalten ist es ja gerade, das den Gips von der Außenverwendung ausschließt oder dafür doch sehr beschränkt. Außerdem ist die Gipsbildung wegen der damit verbundenen Volumenvermehrung [um das 7fache (Scott)], also wegen Sprenggefahr, namentlich im Steininneren, bedrohlich. Ein Beispiel hiezu erwähnt Scott vom Somerset-House in London[1]). Weitere Beispiele nachteiliger Gipsbildung (unter vielen!): Gipskruste des dolomitischen Portlandsteins der St. Pauls-Kathedrale in London oder der Kalksteinfiguren am Hamburger Hafen (nach Glinzer). Der nachteiligen Gipsbildung kann dadurch schon bei der Steinbewertung Rechnung getragen werden, daß man die mit der Zeit zu erwartende oder doch mögliche Entführung des Gipses als bereits erfolgt ansieht und das Gewicht der entsprechenden, wenn schon im Stein verbleibenden CaO-Menge

$$g_{CaO} = (g_{s_1} + g_{s_2}) \cdot \frac{56}{80} = 0,7 \cdot (g_{s_1} + g_{s_2}),$$

entsprechend der chemischen Gleichung:

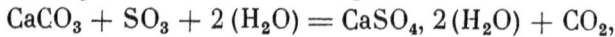

$$CaCO_3 + SO_3 + 2 (H_2O) = CaSO_4, 2 (H_2O) + CO_2,$$

bei der Bewertung dem Betrag von g sicherheitshalber zulegt. Es sind so zwei Grenzbewertungszahlen gewonnen. Die um jenen CaO-Gewichtsbetrag erhöhte Größe: die obere Grenze ist jedoch nichts als ein nur möglicher Wirklichkeitswert.

In betreff der gleichfalls gewichtsvermehrenden, der SO_2-Menge g_{s_2} entsprechenden, etwa im Stein verbliebenen neutralen Sulfite liegt die Sache wie folgt. Die sekundären Sulfite der Metalle, mit Ausschluß der leicht wasserlöslichen Alkalimetalle, gelten als in Wasser sehr schwer löslich. Neutrales Kalziumsulfit soll nach einer Angabe zur Lösung in H_2O von 18^0 C sogar etwa das 23260fache H_2O-Gewicht benötigen, also das 8- bis 20fache wie für Kalziumkarbonat; nach anderen Angaben übertrifft mit nur 1 : 800 die Schwerlöslichkeit des Sulfits aber jedenfalls immer noch die des Gipses, der, in rauchgashaltiger Luft stets in geringer Menge sich bildend, normaliter beständig in Lösung geht. An seine Stelle kann nun u. U. schutzrindenbildendes $CaSO_3$ treten. Eine wesentliche Rolle bei der Schutzrindenbildung spielt freilich die Dichtung durch das sich dünnhäutig absetzende Ca-Sulfit. Die Schutzschicht aus letzterem ist zuerst von Kayser[2]) und dann von mir[3]) nachgewiesen worden. Wenn auch bei Vermehrung der SO_2 rauchgashaltiger Luft und bei hinreichender Wassermenge wasserlösliches primäres Sulfit: $CaH_2 (SO_3)_2$ sich bildet, so zerfällt dieses im Wechsel entgegengesetzter Bedingungen doch leicht wieder zur unlöslichen sekundären Verbindung:

$$CaH_2 (SO_3)_2 = CaSO_3 + SO_2 + H_2O.$$

[1]) Vgl. S. 31 in »Hans Hörmann, Denkmalpflege und Steinschutz in England, München 1928, Verl. v. G. D. W. Callwey«.

[2]) Vgl. »Kayser, Über Rindenbildung an Kalkstein« in »Der Steinbruch, 5. Jahrg. Heft 18, 1910«.

[3]) Sowie »Seipp, Über Schutzrinden von Bausteinen und ein darauf bezügl. Prüfungsverfahren« in »Zeitschr. d. Österr. Ing.- u. Arch.-Ver., Jahrg. 1925, Nr. 49/50«.

Auch erzeugt das primäre Sulfit durch Rückwirkung auf das Kalzium-karbonat stets wieder die sekundäre Verbindung:

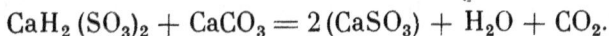

$$CaH_2(SO_3)_2 + CaCO_3 = 2(CaSO_3) + H_2O + CO_2.$$

Es läßt sich sehr wohl ein Zustand denken, bei dem die vorhandene Menge des Lösungswassers zu gering ist zur Lösung des gebildeten Kalziumsulfats, also erst recht auch des Kalziumsulfits oder doch mindestens des letzteren allein. Theoretisch auch wäre damit die Möglichkeit des Auftretens von Schutzrinden (rein oder sulfathaltig) erwiesen. Sie fordert aber eben das Erfülltsein ganz besonderer Bedingungen und ist demnach nicht die Regel, sondern eher eine Ausnahme.

Ähnlich so wie $CaSO_3$, wennschon wohl in schwächerem Maße, werden sich die Sulfite $Al_2(SO_3)_2$ und $Fe_2(SO_3)_3$ verhalten, während von $MgSO_3$, entsprechend seiner etwas größeren Löslichkeit, das im Versuch Erreichbare größtenteils wohl entführt werden wird. Von der Versuchs-größe g_{s_2} ausgehend, könnten wir also zu einem Urteil gelangen, ob und in welchem Maße bei Kalkgesteinen (ja sogar u. U. bei kalkfreiem Al_2O_3- und Fe_2O_3-haltigem Gestein) Schutzrindenbildung möglich wäre. Es verteilt sich die SO_2-Menge g_{s_2} auf die durch sie erfaßbaren Oxyde CaO, Al_2O_3 und Fe_2O_3 des Steins, deren Mengen in dem oben unter b erwähnten bromierten Filtrat der Probeplattenportion 2 zu ermitteln wären. Notwendig also: eine Kalkbestimmung und eine Bestimmung der vereinigten zwei Oxyde: Al_2O_3 und Fe_2O_3 (gemeinsame Fällung durch Ammoniak usw.). Die Summe g_x der erfaßten drei Basen im Filtrat verhilft, für sich betrachtet, zum Urteil über die Möglichkeit einer etwaigen Schutzrindenbildung. Der Größe g zugelegt, ergibt sie die für diesen Fall gesicherte Wertung. Endlich wären noch die von der hydrolytischen Spaltung der Silikate herrührenden Neubildungen in Form von Verwitterungsrinde oder -belag (Oxydhydrate des Fe und Al usw.) sowie etwa ungelöst gebliebene Kieselsäure zu berücksichtigen. Für erstere könnte als Betrag g_y, der g zuzulegen wäre, annähernd wohl einfach das geringe Gewicht des entfernten und geglühten Belags gelten. Es schließt allerdings den von außen hinzugetretenen O ein; aber der Fehler wirkt ja auf eine Vergrößerung der Bewertungs-größe g hin.

Nach dem Vorigen hätten wir nunmehr für g als alleräußersten oberen Endwert im selteneren Falle doppelter Schutzrindenbil-dung, d. h. unter Berücksichtigung auch etwa neben der Sulfit-Schutz-rindenbildung noch auftretenden ungelösten Gipses folgenden Ausdruck g_2 für g. Dabei müßte aber die Berechnung von g_{CaO} von g_{s_1} sowie auch von g_{s_2} ausgehen:

$$2)\ g_2 = (g_a - g_f + g_z) + (g_x + g_y) + g_{CaO}.$$

Oder aber: es ist, wenn g_x unberücksichtigt bleiben darf und soll, mit

$$2a)\ g_3 = (g_a - g_f + g_z) + g_y + g_{CaO}$$

zu rechnen, wobei dann aber die Berechnung nur von g_{s_1} auszugehen hat. Als unterer, gewöhnlich benutzbarer, meist ausreichender Bewertungsgrenzausdruck gilt:

$$1a)\ g_1 = g_a - g_f + g_z.$$

Sollten im Stein etwa zurückgebliebene ungelöste Kieselsäurehydratmengen bestimmt werden, so könnte das nach Auslaugen mit einer Lösung von kohlensaurem Natron oder Ätzalkalien geschehen, die nach G. Lunge und L. Millberg die übrige Kieselsäure im Stein nicht angreifen würde. (S. »Zeitschr. f. anorgan. Chemie. 1897, 393, 425«.)

Die einfachst mögliche Gestalt

$$1c)\ g = g_a - g_f$$

gewinnt die Formel 1a nur im Falle völliger Kalk- und damit CO_2-Freiheit der Steine bei gleichzeitigem Ausbleiben einer Verwitterungsrinde von wägbarer Stärke. Etwaiger Kalkgehalt in Karbonatform wird beim Betupfen der frischen Steinprobe mit Salzsäure am Aufbrausen erkannt. Nennenswerten CaO-Gehalt, auch in Silikatform, verrät außerdem die bekannte Flammenfärbung einer kleinen Probe am Platindraht sowie das Spektrallinienbild.

Beispiele für die Ermittelung prozentischer Gewichtsverluste von Steinproben im Agenzienversuch.

Beispiel 1. Eine Probeplatte aus Obernkircher Sandstein hatte
das Anfangstrockengewicht $g_a = 36,4510$ g
und das Endtrockengewicht $g_f = 36,4218$ g.
Es ergab sich weder Bodensatz noch Abgang, noch Verwitterungsbelag sowie völlige Kalkfreiheit. Die Versuche der Bestimmung von g_{s_1}, g_{s_2}, g_o und g_w hatten negativen Erfolg. Mithin wird einfach:

$$g_1 = g_a - g_f = 0,0292\,\text{g und}$$

$$\varphi = \frac{100}{36,4510} \cdot 0,0292\,\text{g oder}$$

$$\varphi = 0,08\% \text{ des Anfangstrockengewichts.}$$

Beispiel 2. Eine Karrara-Marmor-Probeplatte (Vergleichsplatte) hatte das Trockengewicht:
$g_a = 49,1662$ g vor dem Versuch,
$g_f = 40,7651$ g nach dem Versuch ergeben.
»Scheinbarer« Gewichtsverlust mithin:

$$g_a - g_f = 8,4011\,\text{g oder } \varphi = \frac{8,4011 \cdot 100}{49,1662} = 17,1\,\%$$

des Anfangstrockengewichts der Platte. Es waren außer der großen Menge in Lösung gegangenen Kalziumsulfats ein zunächst ungelöster Bodensatz und beträchtliche schichtige Ablösung entstanden. An Fremdstoffen hatte die Probeplatte im Versuch aufgenommen:

$$g_{s_1} = 0,3506 \text{ g } SO_3 \left.\right\}$$
$$g_w = 0,1578 \text{ g } H_2O \left.\right\}$$ zur Gipsbildung. Das hierzu verwandte

$$CaO : g_{CaO} = 0,2452 \text{ g}.$$

In der der Versuchsflasche entnommenen Platte war SO_2 nicht nachweisbar. Verwitterungsbelag nicht vorhanden. Mithin hat man:

1a): $g_1 = 49,1662 - (40,7651 - 0,3506 - 0,1578)$ g   oder

$$g_1 = 8,9095 \text{ g oder } \varphi_1 = \frac{100 \cdot 8,9095}{49,1662} = 18,12\,\%$$

des Anfangstrockengewichts als wahren Gewichtsverlust gegen $\varphi = 17,1\%$, nach dem rohen Verfahren ermittelt. Als oberer Grenzwert durch Zuschlag von g_{CaO} zu 8,9095 g folgt 9,1547 g. Also

$$\varphi_2 = \frac{9,1547 \cdot 100}{49,1662} = 18,62\,\%.$$

In der natürlichen Wirklichkeit findet bei Karrara statt der erwähnten starken schichtigen Ablösung Bildung einer äußerst dünnen Verwitterungshaut statt, die wegen des völlig gleichmäßigen Steingefüges sich nicht schädlich auswirkt, etwaige Politur dagegen allerdings verschwinden läßt.

Beispiel 3. Eine Probeplatte aus kalkhaltigem Sandstein hatte ein Trockengewicht

$$g_a = 38,5232 \text{ vor dem Versuch},$$
$$g_f = 36,3737 \text{ nach dem Versuch}.$$

Es war also ein »scheinbarer« Gewichtsverlust $g_a - g_f = 2,1495$ g entstanden. Beträchtliche Stoffmenge war in Lösung gegangen. Dazu hatte sich ein ziemlich kräftiger Bodensatz und ein starker Abgang der sehr zermürbten Platte ergeben. Die SO_3-Bestimmung dafür lieferte eine aufgenommene Menge $g_{s_1} = 0,8366$ g und entsprechend zur Gipsbildung aufgenommenes H_2O: $g_w = 0,3765$ g. Chemisch gebundenes H_2O enthielt der frische Sandstein nicht. Ferner war gefunden die zur Gipsbildung verwandte CaO-Menge: $g_{CaO} = 0,5856$ g. Die monoklinen Gipskristalle im Platteninnern waren leicht nachweisbar. Von SO_2 war keine Spur darin verblieben. Eine Verwitterungskruste war nicht entstanden. Mithin hat man:

1a) $g_1 = 38,5232 - (36,3737 - 0,8366 - 0,3765)$ oder

$$g_1 = 3,3626 \text{ g, d. h. } \varphi = \frac{100 \cdot 3,3626}{38,5232} = 8,73\,\%$$

als »wahren« Gewichtsverlust. Ihm steht ein nach dem rohen Verfahren gefundener »scheinbarer« Stoffverlust:

$$\varphi_1 = \frac{100 \cdot 2,1495}{38,5232} = 5,6\,\%$$

gegenüber. Als obere Grenze (durch Zuschlag von g_{CaO}) würde sich
sogar: $$\varphi_2 = \frac{(3,3626 + 0,5856) \cdot 100}{38,5232} = 10,25\,\%$$
ergeben.

Es kann also in solch extremem Fall wie hier durch Vernachlässigung von g_{s_1}, g_w und CaO ein Fehler und Unterschied von 3,1% bzw.
4,7% des Anfangstrockengewichts entstehen. Das vorliegende Beispiel
ist bezeichnend für die zermürbende Wirkung erheblicher Lösungsstoffe im Falle grober Ungleichmäßigkeit des Materials und
bei kräftiger Agenzienwirkung. Allerdings im Verein mit der spren-
genden Gipswirkung. Der Sandstein enthielt das Kalkkarbonat nämlich nicht nur als Bindemittel, sondern auch in Form zahlreicher iso-
lierter Knoten, die im Versuch starke Lockerung des Steinzusammen-
halts erzeugten.

Beispiel 4. Eine Probeplatte aus einem C- und stark kalkhaltigen,
auch etwas Pyrit führenden Dachschiefer (Tonschiefer) hatte das Trockengewicht

$g_a = 25,9382$ g vor dem Versuch,
$g_f = 26,8265$ g nach dem Versuch;
mithin: »scheinbare« Gewichtszunahme im Versuch:
$g_f - g_a = 0,8883$ g.
Es war gefunden:

$g_{s_1} = 1,7681$ g SO_3
$g_w = 0,7957$ g H_2O zur Gipsbildung verbraucht.
$g_{CaO} = 1,2377$ g CaO

Mithin
$$g_1 = 25,9382 - (26,8265 - 1,7681 - 0,7957)$$
oder $g_1 = +1,6755$ g und $\varphi_1 = \frac{1,6755 \cdot 100}{25,9382} = 6,46\,\%$

als »wahrer« Gewichtsverlust gegen etwa 3,4% »scheinbare« Gewichtszunahme. Ferner ist
$$g_2 = 1,6755 + 1,2377 = 2,9132\,g$$
oder $$\varphi_2 = \frac{100 \cdot 2,9132}{25,9382} = 11,23\,\%.$$

Es ist hier g_2 sehr erheblich größer als g_1, wegen der bedeutenden in
Gips überführbaren CaO-Menge. Der Kalkgehalt des Schiefers = 13,8%
$CaCO_3$ tritt in Form zerstreuter Kristallanhäufungen auf, was infolge
der entstandenen Gipsbildung zu Sprengrissen geführt hatte. Doch
ist die ganze Platte auch gleichmäßig etwas angegriffen, und ein erheblicher Abgang war im Versuch entstanden. Wegen des geringen Gehalts
(etwa 0,4%) an FeS_2 kann das Erz unberücksichtigt bleiben. Der vorliegende Fall ist ein Beispiel für eine »scheinbare« Gewichtszunahme

(infolge sehr erheblicher Aufnahme von SO_3 und H_2O), die aber durch
die beträchtliche Menge der gelösten Steinstoffe, also Gewichtsverluste,
vor allem des Kalks (des in Lösung gegangenen Gipsanteils sowie
der Abgänge) im voraus z. T. ausgeglichen, ja sogar überboten wurde.
Es war hier aber eine ausnahmsweise, ungewöhnlich starke Art
der Agenzienwirkung zur Anwendung gelangt.

Zur Gewichtsverlustbestimmung der Probeplatten bedurfte es nach
dem Vorigen nicht der (umständlich festzustellenden) Kenntnis des
Rückstands g_r der eingedampften Versuchs- und Sammelflaschenflüssig-
keit sowie der verschiedenen Abgänge, hier mit g_a und g_b bezeichnet.
Sie würde erst nötig, wenn Kontrolle des Versuchsergebnisses verlangt
wird. Man hätte hierfür (3c, Seite 25 vernachlässigend) die Gleichung

$$g_a = g_r + g_c + g_{3a} + g_{3b},$$

die sich als identisch richtig erweisen müßte, wobei g_r den Eindamp-
fungsrückstand nach Abzug der Sulfate SO_3 usw. bedeutet.

Es soll nun noch die Frage

1. nach dem günstigsten Verhältnis und
2. nach der passenden Menge der im Agenzienversuch zu verwendenden Gase

erörtert werden.

Die atmosphärische Luft enthält auf 100 Raumteile annähernd
21 Volumina O, 0,0334 Volumina CO_2-Gas als Durchschnittswert und
eine wechselnde, geringe, in der Nähe von Wohnungsfeuerstätten, besonders aber in Industriegebieten, immer vorhandene Menge von Schwef-
ligsäuregas SO_2. Sie möge mit 0,00015 Vol. auf 100 Raumteile Luft
hier eingesetzt werden. Es ist dies ein ungefährer Mittelwert aus zwei
dem Schwefligsäuregehalt einer Fabrikstadt- und einer Industriestadt-
luft Rechnung tragenden Angaben, nämlich 0,00018 Raum-% SO_2 für
Lille und 0,00013 Raum-% SO_2 für Manchester[1]. Für die Bemes-
sung der durch die Flaschenbatterie zu leitenden Versuchsgasmengen
kommt nun aber weniger das ebengenannte Verhältnis $O:CO_2:SO_2 =$
$21:0,0334:0,00015$ selbst in Betracht als vielmehr das Verhältnis der
Gasmengen, die im Versuchswasser und an den häufig getauchten
Probeplatten gelöst werden, denn die Wirksamkeit der Gase ist we-
sentlich an ihren wassergelösten Zustand gebunden. Würden die drei
Versuchsgase bei hinreichender Wassermenge in ganz gleichem Verhältnis $1:1:1$ vollständig vom Wasser aufgenommen, so
würde dies also im Verhältnis $21:0,0334:0,00015$ geschehen. Dabei wäre

---

[1] Nach »Clarke, The Data of Geochemistry, Washington 1908, S. 41«, und
nach »van Bebber, Hygienische Meteorologie, Stuttgart 1895, Ferd. Enke«.

aus   1 Vol. O-Gas   : 1 Vol. absorbierter O,

»   21 Vol. »   » : 21 Vol.   »   O,

aus   1 Vol. CO_2-Gas: 1 Vol. absorbierte CO_2,

» 0,0334 Vol. CO_2-Gas: 0,0334 Vol. » CO_2.

aus   1 Vol. SO_2-Gas: 1 Vol. absorbierte SO_2,

» 0,00015 Vol. SO_2-Gas: 0,00015 Vol. » SO_2

geworden. Die Absorption der drei Gase erfolgt aber nicht im Verhältnis 1:1:1, sondern (nach Bunsen) bekanntlich im Volumenverhält-
nis von 0,02989 : 1,002 : 43,564.

Darnach entsprechen:

1 Vol. Luft-O nicht 1, sondern nur 0,02989 Vol. absorb. O,

1 Vol. Luft-CO_2 dagegen 1,002 Vol. absorb. CO_2 und

1 Vol. Luft-SO_2 sogar 43,564 Vol. vom H_2O aufgenommener SO_2.

Mithin ergeben

21 Vol. Luft-O: 21 · 0,02989 Vol. absorb. O = 0,62769 Vol.,

0,0334 Vol. Luft-CO_2: 0,0334 · 1,002 Vol. absorb. CO_2 =
    0,0334668 Vol.,

0,00015 Vol. Luft-SO_2: 0,00015 · 43,564 Vol. absorb. SO_2 =
    0,0065346 Vol.

Das Mengenverhältnis der drei Versuchsgase im Zustand ihrer
Höchstwirkung ist darnach O : CO_2 : SO_2 = 0,62769 : 0,0334668 :
0,0065346 oder 96,1 : 5,1 : 1, abgerundet: 96 : 5 : 1. An den Ver-
suchsplatten darf niemals wirklicher Wassermangel herrschen.

Die Frage nach dem geeignetsten Mengenverhältnis der drei
Versuchsgase könnte noch von einem anderen Gesichtspunkt gelöst
werden. Nämlich nach Maßgabe der tatsächlich mit den Platten-
stoffen in Wirkung tretenden Mengen von O, CO_2 und SO_2 unter der
Voraussetzung, daß die in den Probeplatten enthaltenen angreifbaren
Stoffe oder proportionale Teile davon, gemäß der gegenseitigen chemischen Verwandtschaft, gelöst und fortgespült werden. Aber die entsprechenden Stoffmengen sind eben nicht im voraus bekannt und
auch nicht sicher vorausberechenbar. Es müßten ja auch Werte sein,
nicht nur ad hoc, sondern für die verschiedensten Fälle brauchbar!
Auch bei der Innehaltung des Verhältnisses 96 : 5:1 werden unvermeidlich Verluste an Versuchsgas entstehen können, aber es ist dabei doch
wenigstens das Höchstmaß der Wirkungsfähigkeit der Gase gewährleistet.

Was nun die zu verwendende absolute Menge der drei Versuchsgase
im einzelnen und im ganzen betrifft, so liegt dabei eine gewisse Willkür
in der Natur der Sache. Richtlinien für die Festsetzung werden nur
die beiden Bedingungen liefern können, daß die wenn nicht sichtbaren,
so doch jedenfalls wägbaren Veränderungen der Probeplatten im Versuch einerseits nicht allzu groß, gleichzeitig aber, um noch deutlich er-

kennbar zu sein, auch nicht zu geringwertig sein dürfen. Maßgebend und entscheidend ist dabei die Verwendungsmenge der SO_2, des aktivsten der Versuchsstoffe. Bei meiner ehemaligen Versuchsgestaltung betrug die Einwirkungsdauer der SO_2 auf die Platten in den Flaschen 11 Std. und die Durchflußmenge des Gases 17 l/1 Std. Für die widerstandsfähigste (mitausgesetzte) Steinprobe: Quarzit von Weißenstein betrug der Stoffverlust $\varphi_1 = 0,0021\%$; er war also deutlich erkennbar. Ja, dies würde auch noch der Fall gewesen sein beim Eintreten eines etwa halb so großen Gewichtsverlustes, also bei einer annähernd halb so großen Durchflußmenge für SO_2-Gas für die Stunde während der gleichen Zeitdauer von etwa 11 Std., d. h. von etwa $8\frac{1}{2}$ l/1 Std. Eine solche Verminderung der SO_2-Versuchsmenge erscheint aber andererseits erwünscht, zumal bei Mitaussetzung einer Vergleichsprobe aus Karrara-Marmor, für die sich früher unbequem-starke, unnötig-große Abgänge ergeben hatten. Durch die hiermit für die Zukunft vorgeschlagene, noch deutlich sprechende Beschränkung der Versuchsmenge von SO_2-Gas auf $8\frac{1}{2}$ l/1 Std würde, da jetzt die drei Gase nicht mehr einzeln nacheinander, wie früher, sondern gleichzeitig durch den Apparat hindurchgehen, die Versuchsdauer bedeutend herabgesetzt, nämlich eben auf 11 oder rd. 12 Std. (Mindestdauer), was praktisch besonders wichtig! Vielleicht würden dadurch auch die Erfolge der hydrolytischen Vorgänge sichtbarer werden. Entsprechend dem Durchflußmengenverhältnis $O:CO_2:SO_2 = 95:5:1$ sind also, von der SO_2 mit $8\frac{1}{2}$ l/1 Std. ausgehend, in dem Mischbehälter gleichzeitig damit $968,5 = 808$ l/1 Std. O und $5 \cdot 8,5 = 43$ l/1 Std. CO_2 aus den vorgelegten Stahlflaschen in gleichmäßigem Strom einzulassen. Für den O-Bedarf wäre hiernach z. B. eine Stahlflasche von 1500 l (unter 150 atm Verdichtungsdruck) für eine zehnstündige Versuchsdauer fast ausreichend. Für längere Versuchsdauern käme eine 6000-l-Flasche in Betracht.

Zwischen dem Mischbehälter m und jeder der an ihn anzuschließenden drei Stahlflaschen mit den verdichteten Gasen wird je ein Rotamesser n eingeschaltet, der die vorgeschriebenen Mengen $8\frac{1}{2}$ l/1 Std., 808 l/1 Std. und 43 l/1 Std. der ausströmenden Gase zu messen und konstant zu erhalten gestattet. Für diese Instrumente sowie den ganzen an den Mischbehälter angeschlossenen Teil der Apparatur ist bei der versetzten Stellung der drei Stutzen 1, 2 und 3 des Behälters Raum genug vorhanden. Die gleichzeitig in den Mischraum eintretenden, dauernd gleich großen Gasmengen werden nun hier durch das mittels Motors betriebene Rührwerk r, s. Abb. 9, gemischt. Eine gewisse vorläufige Mischung war schon dadurch erreicht, daß die drei Gase nach Maßgabe des größeren spez. Gewichtes in der Reihenfolge SO_2, CO_2 und O von oben nach unten in den Mischraum einströmen. Der Dauerstrom der Gasmischung tritt auf der Gegenseite der Gaseintritte durch den Stutzen 4 in die Flaschenbatterie ein, solange der Versuch dauern soll. Die verwendeten, nach

einfachem, sinnreichem Prinzip arbeitenden drei Rotamesser der »Deutschen Rotawerke, G. m. b. H. in Aachen, Vereinsstraße 5«,
entsprechen der Figur B 3 des Prospekts der Firma »Hauptstrommesser
zum Einbau in waagerechte Leitungen mit Flanschenanschlüssen«. Sie
werden von den Rotawerken äußerst preiswert und zuverlässig geliefert
mit den entsprechenden nötigen Meßbereichen. Die von dem SO_2-Gas
berührten Metallrohrwände wären entsprechend zu schützen. Verwendung von Chromnickelstahl! Oder aber es kommen für die Gaszuleitung
zu m nur Hartgummi oder (metallummanteltes) Glas zur Verwendung
oder es genügt sogar gewöhnlicher Gummischlauch. Wegen des in den
Stahlflaschen herrschenden Überdrucks der Gase sind Reduktionsventile
einzuschalten. Desgleichen je ein Hahn zur Feinregulierung des Druckes
(auf etwa 1 atm. Überdruck).

Teil II.

Die Abgekürzte Wetterbeständigkeitsprobe für Gesteine mit erheblicher und ungleicher Größe sowie ungleichmäßiger Verteilung ihrer Gemengteile.

Abschnitt I.

Die Kombinierte Wärmewechselschaden- und Frostprobe.

Die zweite Hälfte dieses Kombinierten Verfahrens: die Frostprobe,
deckt sich für Gesteine der im Teil II zu betrachtenden Art völlig mit
der Frostprobe der im Teil I untersuchten. Denn die Frostprobe geht
immer aufs Ganze der Versuchsstücke und ist nach vorheriger Wasserlagerung stets gleich gut möglich, unabhängig von der petrographischen
Beschaffenheit der Steine. Anders verhält es sich, wie wir sogleich sehen
werden, bei Erhebungen chemischer Art. Auch die Wärmewechselschadenprobe verlangt für Steine der ungleichmäßigen und grobstückigen
Art, wie sich gezeigt hatte, keine besondere Behandlungsweise.

Abschnitt II.

Die Abgekürzte Agenzienprobe für gefügemäßig, auch stofflich ungleichartige, groß- und grobstückige Steinsorten.

Die Abgekürzte Agenzienprobe in der im Abschnitt III, Teil I dargebotenen Gestalt setzte vor allem gefügemäßig-gleichartiges Material
voraus, wie bei Dachschiefern, bei Sandsteinen, vielen Marmoren und
sonstigen Kalksteinen sowie bei fein- bis mittelfeinkörnigen eruptiven
Silikatgesteinen. Anders liegt die Sache

1. z. B. bei sehr grobstückigen Graniten und Porphyren, bei Trachyten mit großen Sanidinkristallen usw., sowie

2. bei Konglomeraten und Breccien, aber auch bei Kalksteinen, Marmoren, auch wohl Sandsteinen usw., die mit Adern oder Einsprengungen von abweichender Stofflichkeit behaftet sind. Die zu 2 gehörigen Steinsorten erheischen eine unter B zu schildernde besondere Behandlungsweise.

A) Gefügemäßig, auch stofflich ungleichartige, groß- und grobstückige Steinsorten.

Bei allen derartigen Steinarten (s. Nr. 1) fällt die ungleichmäßige Natur und ungleichmäßige Angreifbarkeit der Bestandmineralien durch die Agenzien allzusehr ins Gewicht, als daß die weitere Bewertung der Steine einfach unverändert nach der im Teil I, Abschnitt III gezeigten Behandlungsweise noch als zutreffend gelten könnte. Schon 1905 (in: »Seipp, Die abgek. Wetterbeständigkeitsprobe usw.«) hatte ich gefordert, den Einfluß zu berücksichtigen, den stärkere Angreifbarkeit und größere Angriffsflächen von Gesteinsbestandstücken, über die Annahme eines gleichmäßig über die Steine sich verteilenden Agenzienerfolges hinaus, auszuüben vermögen. Auch hatte schon Landesgeologe Dr. Leppla 1906 auf diese Zusammenhänge hingewiesen und gefordert, bei Steinen der betreffenden Art deren Bestandmineralien besonders zu berücksichtigen. Eine Berichtigung und Verbesserung des einfachen Verfahrens im Teil I, Abschnitt III ist mithin nach jener Seite hin erforderlich. Es bezeichnen nun $F_1, F_2, F_3 \ldots$ und $f_1, f_2, f_3 \ldots$ in mm^2 die verschieden großen Angriffsflächen jener Steinbestandstücke von ungleicher Angreifbarkeit, und zwar $F_1, F_2, F_3 \ldots$ die, deren Angreifbarkeitsmaß einen gewissen, sogleich festzusetzenden Durchschnittswert überschreitet, während $f_1, f_2, f_3 \ldots$ die Flächengrößen bedeuten, deren Angreifbarkeitsmaße unter jenem Mittelwert sich halten. Ferner bezeichnen $A_1, A_2, A_3 \ldots, a_1, a_2, a_3 \ldots$ jene zugehörigen Angriffsmaße selbst in g/mm^2. Endlich bezeichne F die Gesamtangriffsfläche des Probestücks in mm^2 und Φ in g/mm^2 dieser Fläche jenen Durchschnittswert, gedacht eben als Mittelmaß der Angreifbarkeit der Gesamtangriffsfläche F. Dann berechnen sich (vorbehaltlich gewisser Ergänzungen der Größen A, a und Φ) die den verschiedenen Angriffsflächen $F_1, F_2, F_3 \ldots$ und $f_1, f_2, f_3 \ldots$ entsprechenden Gewichtsverluste im Versuch, der mit den einzelnen Bestandstücksorten auszuführen wäre: $F_1 \cdot A_1$, $F_2 \cdot A_2, F_3 \cdot A_3 \ldots$ und $f_1 \cdot a_1, f_2 \cdot a_2, f_3 \cdot a_3 \ldots$ Der Stoffverlust für die Gesamtangriffsfläche F ergibt sich $= F \cdot \Phi$, und es besteht die Gleichheit:

$$F_1 \cdot A_1 + F_2 \cdot A_2 + F_3 \cdot A_3 + \ldots + f_1 \cdot a_1 + f_2 \cdot a_2 + f_3 \cdot a_3 + \ldots = F \cdot \Phi$$

oder abgekürzt (mit Benutzung des Summenzeichens Σ):

$$\Sigma F \cdot A + \Sigma f \cdot a = F \cdot \Phi,$$

woraus

$$\Phi = \frac{(F_1 \cdot A_1 + F_2 \cdot A_2 + F_3 \cdot A_3 + \cdot -) + (f_1 \cdot a_1 + f_2 \cdot a_2 + f_3 \cdot a_3 + ..)}{(F_1 + F_2 + F_3 + ...) + f_1 + f_2 + f_3 + ...)}$$

oder

$$\Phi = \frac{\Sigma \cdot F \cdot A + \Sigma \cdot f \cdot a}{F}$$

folgt. Stillschweigende Voraussetzung ist, daß die später zu beschrei-
benden Einzelagenzienversuche zur Ermittelung der verschiedenen Angriffsmaße A und a unter genau gleichen Bedingungen angestellt werden.
Aber auch dann ist, wie leicht zu zeigen, eine genaue Übereinstimmung
der errechneten Größe Φ mit dem andererseits versuchsmäßig, direkt
von der Gesamtangriffsfläche F aus zu ermittelnden, mit Φ' zu bezeich-
nenden Durchschnittswert nicht zu erwarten. Φ' entspricht den bei der
Bewertung gefügegleichmäßiger Steine ohne weiteres zu benutzenden,
jedoch gewichtsprozentig ermittelten Werten φ. Sollte sich zufällig
etwa einmal ein Angreifbarkeitsmaß oder sollten sich deren mehrere
nicht $\gtreqless$, sondern gleich jener Durchschnittsgröße Φ herausstellen, so
mögen sie zu denen, die größer als Φ sind, sicherheitshalber hin-
zugerechnet werden. Die Agenzienwirkung kann entweder als weniger
großer Stoffverlust bei größerer Flächenerstreckung oder mehr in die
Tiefe gehend und kräftiger bei geringerer Flächenausdehnung sich
äußern. Und es kann, je nachdem, im ersten oder auch im zweiten Fall
das Ergebnis größer sein. Also nicht nur auf die Größen A und a allein
kommt es an, sondern auch auf die verschiedenen zugehörigen Angriffs-
flächengrößen. Mithin sind die Vielfachen $F \cdot A$ und $f \cdot a$ in Betracht
zu ziehen, und es fragt sich also, ob schließlich $\Sigma F \cdot A > \Sigma f \cdot a$ oder
umgekehrt $\Sigma F \cdot A < \Sigma f \cdot a$ oder auch, im Grenzfalle, zufällig einmal
$\Sigma F \cdot A = \Sigma f \cdot a \cdot$ sein wird. Das ungünstigste bei der Steinbewertung ist es aber offenbar, wenn die mit den größeren, tiefer ein-
greifenden Gewichts- und Stoffverlusten A_1, A_2 ... behafteten Pro-
dukte $F_1 \cdot A_1$, $F_2 \cdot A_2$ ... die Stoffverlustgrößen $f_1\,a_1$, $f_2\,a_2$ ... mit den
kleineren Werten a_1, a_2 ... in der Summe übertreffen. Darnach er-
gibt sich eine einfache und natürliche Zweiteilung für die Wertordnung
der Steine, also sofort auch eine der früher aufgestellten Bewertungshauptgruppen I, II_1, II_2 und II_3. Ihre jeweiligen beiden Teilunter-
gruppenpaare sind nämlich durch die Bedingungen

$$1)\ \lambda = \frac{\Sigma F \cdot A}{\Sigma f \cdot a} > 1 \ \text{und}$$

$$2)\ \lambda = \frac{\Sigma F \cdot A}{\Sigma f \cdot a} < 1$$

innerhalb der geteilten Obergruppen 1, II_1 und II_2 in sich abgegrenzt.

Diese beiden Teiluntergruppenbedingungen lassen sich noch in etwas anderer Weise formen. Aus den gleichzeitig bestehenden Beziehungen:

a) $\Sigma F \cdot A + \Sigma f \cdot a = F \cdot \Phi$ und

b) $\lambda = \dfrac{\Sigma F \cdot A}{\Sigma f \cdot a} \begin{smallmatrix} > \\ < \end{smallmatrix} 1$

folgt nämlich, als mit 1 und 2 gleichwertig, auch:

1a) $\Sigma F \cdot A > \dfrac{F \cdot \Phi}{2}$ und

2a) $\Sigma F \cdot A < \dfrac{F \cdot \Phi}{2}$.

Angenommen, es hätte sich in einem Prüfungsfalle die Bedingung 1 oder 1a erfüllt gezeigt, in einem anderen Falle im Gegenteil die Bedingung 2 oder 2a: dann gehört hiernach (unbeschadet der Bestimmung je nach dem Ausfall der Kombin. Wärme- und Gefrierprobe) die zu prüfende Steinsorte im ersten Falle in eine der ungünstigeren Teiluntergruppen, im zweiten Falle in eine der günstigeren. Zu vergleichen hierzu die Bewertungstafel II.

Durch diese Differenzierung in der Bewertung nach der Agenzienprobe wird also der hier im Abschnitt II A vorausgesetzten besonderen Steinbeschaffenheit Rechnung getragen, was das frühere einfache Vorgehen im Teil I, Abschnitt III nicht leisten konnte. Im übrigen dient der Versuchswert φ innerhalb der Teiluntergruppe zur Weiterbewertung. Durch die gewonnene obige Zweiteilung ist also schon vor dieser Weiterbewertung ein höherer oder ein niederer Bewertungsplatz angewiesen.

Es sind nun noch die zwecks Einordnung von Steinen in eine der Teiluntergruppen erforderlichen Vorarbeiten zu besprechen. Die Steinprobe ist, wie stets, plattenförmig zuzurichten, mit nicht zu kleinen Abmessungen, womöglich etwa 70 mm · 60 mm. Die Plattenstärke c ist am richtigsten etwa entsprechend der Einsaugtiefe des Steins gegenüber der Agenzienflüssigkeit zu wählen, c also durch ein einfaches Färbeverfahren festzustellen. Die eine der beiden großen Plattenflächen ist für den Agenzienangriff in der Versuchsflasche, falls er, wie hier, einseitig ausgeführt wird, bestimmt. Sie wird, je nach der Forderung an den Versuch, geschliffen oder poliert. Letzteres gestattet eine bessere Ermittelung der Angriffsflächen $F_1, F_2 \ldots; f_1, f_2 \ldots$ Deren Ausführung könnte nach dem von Delesse für die geometrische Bestimmung der Mengen der Gesteinsmengteile angegebenen Verfahren geschehen. Man legt auf jene Probsteinfläche ein Stück Ölpapier glatt auf und zeichnet unter Anwendung verschiedener Farben der Bezeichnungen für die verschiedenartigen Gesteinsgemengteile das Steinbild genau durch. Dann überträgt man es auf Stanniol, dessen Gewicht für das mm² bekannt ist, worauf die ausgeschnittenen, nach der Bezeichnung zusammengehörigen Stanniolstücke einzeln gewogen werden. Ihre Flächenmaße, d. h. die Größen F_1, F_2 ...; f_1, f_2 ..., ergeben sich dann leicht. Weniger mühsam und dabei vollkommener als das Delessesche ist das Rosiwalsche Ausmessungsverfahren mit Hilfe eines Netzliniensystems[1]). Dabei wird die Bestimmung der Flächengröße auf eine Längenmessung zurückgeführt auf Grund des Satzes: »Das Verhältnis der Gesamtlänge aller Meßlinien (1 bis 20 und a bis k in Abb. 53 bei ‚Hirschwald, Prüfung der natürlichen Bausteine usw.') zur Summe der auf die einzelnen Gesteinsbestandteile entfallenden Netzlinienabschnitte (‚Mengen-Indikatrix') ist näherungsweise gleich dem Verhältnis zwischen der Gesamtnetzfläche und den Flächenteilen der bezüglichen Gesteinskomponenten.«

Die Ermittelung der Angriffsmaße A_1, A_2 ... und a_1, a_2 ... für die verschiedenartigen, stofflich ungleichen Steinbestandmineralstücke erfolgt durch die Agenzienprobe in der gleichen Weise wie an Stücken der ganzen Steine selbst. Und zwar sind möglichst große, aus dem Stein herauszulösende Stückchen zu verwenden, die mit möglichster Sorgfalt von anhaftenden Nachbarstoffen sauber zu befreien wären. Es sollen möglichst rechteckig-prismatische Körperchen sein von gleicher Dicke c. Größe und Gestalt der beiden Grundflächen sind zwar an und für sich beliebig. Auch könnten die Flächen, bis auf die eine geschliffene oder polierte, der Agenzienwirkung auszusetzende, unbearbeitet bleiben. Aber die Herstellung solcher Probekörperchen ist allerdings mit gewissen Schwierigkeiten verbunden und überhaupt kostspielig, was aber unvermeidbar. Denn es könnte die Festigkeit der Stücke durch den Angriff der Schneide- und Schleifinstrumente vielleicht unkontrollierbar beeinflußt werden. Bei der Bearbeitung nur einer Fläche, der Versuchsseitenfläche, durch Schliff wird jene Befürchtung wenigstens möglichst beschränkt. In Fällen, in denen das Herauslösen der Probestückchen unausführbar wäre oder besondere Schwierigkeiten bereitete, müßte man notgedrungen auf die betreffenden, sonstwoher zu beziehenden Mineralien, aus denen die Körperchen bestehen sollen (also z. B. Quarz, Feldspäte, Glimmer, Augit usw.), zurückgreifen, wobei jedoch verschiedene geeignete Fundorte zu berücksichtigen wären, um zu einem einigermaßen zuverlässigen Mittelwerte zu gelangen. Der Gewichtsverlust der vor und nach dem Agenzienversuch getrockneten und gewogenen Probekörperchen, geteilt durch die eine Angriffsfläche F oder f, ergibt das Angriffsmaß A oder a. Die Probekörperchen müssen für den Versuch vorher ringsum, mit Ausnahme der ebenen Angriffsfläche, mit einer dünnen Schicht eines wasserunlöslichen und säuresicheren Stoffes überzogen werden. Am geeignetsten dazu ist wohl ein Schellacküberzug, der nach der ersten Trockenwägung aufgebracht und

[1]) Vgl. »Verhandl. d. K. K. geol. Reichsanstalt, Wien 1898«, S. 143 u. f.

vor der zweiten mittels heißen 96proz. Alkohols wieder entfernt wird. Soll die Agenzienprobe dann außerdem noch mit dem ganzen Steinprobestück angestellt werden, so muß auch dieses in genau gleicher Weise wie die Mineralkörperchen behandelt werden. Diese ruhen übrigens bei besonderer Kleinheit während des Versuchs in einem an den Flaschentauchstäben befestigten kleinen, gelochten Porzellangehänge. (Bemerkt sei, daß sich, falls einmal allseitiger Angriff von Probekörpern gewünscht wird, auch bei ganz unregelmäßiger Begrenzung die Oberfläche annähernd bestimmen ließe. Indem man sie nämlich vor dem Versuch mit festanzudrückendem Stanniol umhüllt, dieses wiegt und das Ergebnis durch das Gewicht der Stanniolgewichtseinheit teilt.) Das auf Grund solcher Einzelversuche errechnete Angriffsmaß der Steinbestandstücke zusammen wird sich nun aber, wie schon bemerkt, mit dem durch Versuch mit der ganzen Probeplatte des Steins ermittelten nicht genau decken. Aus zwei Gründen: Erstlich erfährt, abgesehen von der hier wegen Häufung der Versuche größeren Fehlerquelle, das ermittelte Angriffsmaß an den Grenz- und Verwachsungsstellen der Bestandmineralien eine wenn auch vielleicht verhältnismäßig nicht sehr erhebliche Trübung. Denn es wird für jedes Gemengstück eine Randwirkung bis zu einer gewissen Tiefe unter der Steinfläche anzunehmen sein, nämlich durch Übergreifen der Agenzienwirkung auf die Nachbargemengstücke, vgl. die schematische, symbolische Abb. 11. Eine Folgewirkung des den benachbarten Stücken gemeinsamen Lösungswassers! Zweitens könnte u. U. die Tränkung mit den Versuchsstoffen, wenigstens bei kleinerem Mineralkorn, sich bis zu den in der Tiefe angrenzenden Gemengteilen erstrecken und so dort gleichfalls, wennschon in geringerem Maße, zu Neubildungen Veranlassung geben. Beide Arten von Beeinflussungen des Angriffsmaßes sind natürlich unberechenbar. Sicher ist nur, daß ihre Größe abhängt: im ersten Falle von der Flächengröße, genauer vom Umfang der Bestandstücke, im zweiten von ihrer Tiefe und ihrer unteren Endfläche und in beiden Fällen natürlich von der Größe des Angriffs, also seiner Maße A und a. Die zweite Beeinflussung wird bei erheblicher Größe und Tiefe der Bestandstücke, wie hier besonders in Betracht kommt, überhaupt keine Rolle spielen können. Was die zuerst erwähnte Beeinflussung betrifft, so ist zu unterscheiden, ob es sich um dichte, nicht wassersaugende Steine oder um porige, wassersaugende handelt. Im ersteren Falle, der bei den meisten kristallinen Silikatgesteinen, z. B. bei Quarziten, Graniten, Diabasen, Dioriten, Porphyren usw., mehr oder weniger meist

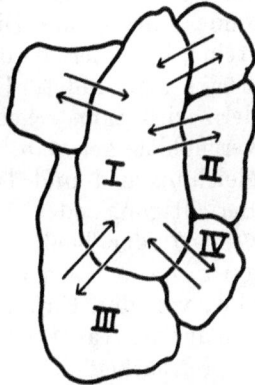

Abb. 11.

vorliegt, wird man annehmen dürfen, daß die Agenzienwirkung nur mehr
eine unmittelbare, etwa normal zur Steinfläche gerichtete Neigung zur
Stoffentführung äußert, dazu noch auf geringere Tiefe. Es würde also
hier eine seitliche, innere, gleichsam subkutane Einwirkung des Lösungswassers von Bestandstück zu Bestandstück nur in verschwindendem
Maße in Betracht kommen, und es würde im wesentlichen, allenfalls nur
oberhalb der Steinfläche, eine Mischung und gegenseitige Beeinflussung
der gelösten Steinstoffe am Umfang jedes Bestandstücks und damit
allerdings irgendeine Gewichtsänderung der den einzelnen Bestandstücken entführten Stoffmengen zu gewärtigen sein. Aber auch
diese Beeinflussung kann nur unerheblich sein, zumal häufige und
reichliche in statu nascendi der Lösungsstoffe eingreifende Spülung in
den Versuchsflaschen erfolgt, wie dies ja vorgesehen ist. M. E. können
also jene Vorgänge unberücksichtigt bleiben. Auch dürfte ihr Einfluß
vielleicht übertroffen werden von den unvermeidlichen Fehlerquellen.
Anders liegen die Dinge in den Fällen poriger, wassersaugender Gesteine, besonders dann, wenn nur loser, undichter Anschluß der Bestandstücke stattfindet. Die seitliche Beeinflussung vom einen zum an-
dern wird dann erheblicher und bei der Steinbewertung u. U. nicht zu
vernachlässigen sein. Hier würden strenggenommen unsere Bedingungs-
gleichungen 1 und 1a infolge der Randwirkung eine entsprechende
Berichtigung oder Ergänzung zu erfahren haben. Der Unterschied
$\Phi' - \Phi$ der beiden Durchschnittswerte, nämlich des versuchsgemäß
am ganzen Stein ermittelten Φ' und des sehr wahrscheinlich kleineren, von den Einzelangriffsmaßen und -flächen ausgehenden Φ, stellt
den auf die Randwirkung zurückzuführenden Anteil des Durchschnitts-
Angreifbarkeitsmaßes dar, mit Einschluß allerdings der nicht angeb-
baren Fehlerbeträge. Dieser Unterschied ist das gemeinsame Ergebnis der gesamten Randwirkung. Es läßt sich in grober Schätzung
angeben (soweit rechnungsmäßige Behandlung hier überhaupt möglich und zulässig), was im § 64 des »U. M.« geschehen ist, und es könnte
damit ein grob-schätzungsmäßig berichtigter Ausdruck für λ (an Stelle
von 1 und 1a) in der Bewertungstafel II benutzt werden. Wohl in den
allermeisten Fällen ist aber, wie dort (U. M. § 64) auch gezeigt wird,
dieser Ersatz entbehrlich.

B) Steinsorten, die neben ihrer Hauptmasse noch mit Adern
oder Kittfugen (oder auch mit Stichen oder sonstigen Fehlerstellen) von meist bedeutend vorherrschender Längen-
abmessung behaftet sind[1].

Die Hauptmasse kann, wie bei adrigen Marmoren, gefügemäßig und
stofflich, im wesentlichen gleichartig sein; sie kann aber auch, wie bei

---

[1] In betreff des grundsätzlich verwerflichen stichhaften Materials
vgl. die betr. Bemerkung in der Tafel II. Doch könnte es auch einmal nebenbei sich

Konglomeraten und Breccien, aus ganz verschiedenartig beschaffenen Bestandstücken bestehen.

1. Es handle sich zunächst nur um zwei stofflich verschiedene, räumlich sehr ungleich und gegensätzlich auftretende Steinbestandmassen I und II, s. Abb. 12, denen die Versuchswerte φ_1 und φ_2 eignen mögen. Für die angeschliffene (bzw. anpolierte) Steinprobeplatte mögen die folgenden Bezeichnungen gelten: Die Schnittfläche der überwiegenden Hauptmasse I sei f, deren durch die Agenzienprobe festgestelltes Angriffsmaß a, die Schnittfläche des Adern- oder Fugen- (evtl. auch Stich-) Materials II sei F, dessen Angriffsmaß A. Die äußerst ungleichen Flächenmaße und oft auch sehr ungleichen Werte von a und A bedingen eine ausgesprochen gegensätzliche Erscheinung der beiden Bestandmassen. Es werden darum hier die Größen a und A sowie φ bei der Bewertung der Steine nicht so ohne weiteres wie sonst benutzt werden dürfen. Eine Berücksichtigung der ganz abweichenden Verhältnisse wird erforderlich sein. Für die zur Ermittelung des Versuchswertes φ_1 für die Hauptmasse und von φ_2 für die Adern- oder Fugenzementmasse benutzten zwei prismatischen Probestücke mögen folgende Bezeichnungen gelten: O = Angriffsfläche in mm²; c = Plattenstärke in mm, wieder übereinstim-

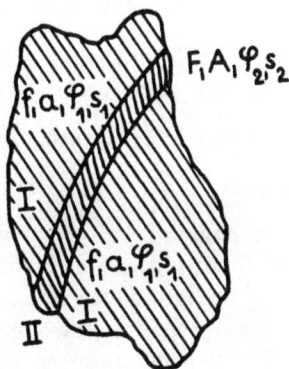

Abb. 12.

mend etwa mit der Tränkungstiefe gewählt; s_1 und s_2 seien die Gewichte der beiden Steinstoffe I und II in g/mm³ und endlich δ_1 und δ_2 mm die Abwitterungstiefen, die der Stein an den betreffenden Stellen (I und II) in Wirklichkeit nach einer bestimmten Wetterwirkungsdauer oder am Schluß eines gleichwertigen Versuches aufweisen würde. Dann berechnen sich die beiden Abwitterungsmaßgrößen für I und II (unter Vernachlässigung daneben hergehender Auslaugung):

$$\varphi_1 = 100 \cdot \frac{O \cdot \delta_1 \cdot s_1}{O \cdot c \cdot s_1} \quad \text{und} \quad \varphi_2 = 100 \cdot \frac{O \cdot \delta_2 \cdot s_2}{O \cdot c \cdot s_2},$$

woraus

$$\frac{\varphi_2}{\varphi_1} = \frac{\delta_2}{\delta_1}$$

folgt. D. h. die Abwitterungsmaße stehen zueinander im annähernden Verhältnis der Abwitterungstiefen. Allerdings ist hier wieder einseitiger und nicht allseitiger Agenzienangriff vorausgesetzt. Allein man wird praktisch annehmen dürfen, daß, obzwar die Gewichtsverluste und die Abwitterungstiefen einzeln in beiden Fällen ungleich sind,

darum handeln, die Prüfungsmöglichkeit dafür zu zeigen und die Verwerflichkeit des Steins zu bestätigen.

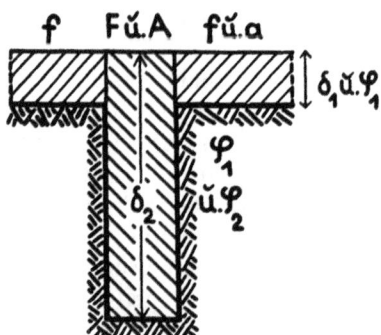

Abb. 13.

doch ihr Verhältnis und damit also das Verhältnis $\frac{\delta_2}{\delta_1}$ auch im Falle allseitigen Agenzienangriffs annähernd das gleiche sein wird wie beim einseitigen Angriff (was sich auch annähernd rechnerisch begründen läßt). Es sind nun zwei Fälle zu unterscheiden, je nachdem entweder 1) $\delta_2 > \delta_1$ und damit $\varphi_2 > \varphi_1$ oder 2) $\delta_2 < \delta_1$ und damit $\varphi_2 < \varphi_1$.

Fall $\delta_2 > \delta_1$ oder $\frac{\delta_2}{\delta_1} > 1$, s. Abb. 13.

Als eigentliches Verwitterungsschadenmaß kann im Hinblick auf die schematische, das Verwitterungsergebnis in diesem Falle (übertrieben) darstellende Abb. 13, füglich der Verhältniswert $\frac{\delta_2}{\delta_1}$ oder besser $\frac{\delta_2 - \delta_1}{\delta_1}$ angesehen werden, d. h. also $\frac{\varphi_2 - \varphi_1}{\varphi_1}$. Denn von dem Unterschied $\delta_2 - \delta_1$ wird für einen bestimmten Wert von δ_1 das Maß sowohl der äußerlichen Schädigung des Ansehens als auch das der Begünstigung verstärkter Wetterangriffsstellen für den Stein abhängen. Dieses Schadenmaß ergibt sich nun nach dem dafür geltenden Ausdruck für einen bestimmten Wert von φ_1 um so kleiner, d. h. die Bewertung eines Steins darnach wird um so günstiger ausfallen, je kleiner $\varphi_2 - \varphi_1$, d. h. je kleiner φ_2. Es kommt bei Steinen der hier in Rede stehenden Art besonders auf das Verhalten der Adern- oder Zementmasse an und von zwei zur Wahl stehenden wird das mit dem kleineren Versuchswert φ_2 stets höher zu bewerten sein. Schließlich wäre noch unter hiernach etwa gleichwertig sich erweisenden Steinen nach dem kleineren Wert von φ_1 auszuwählen. Denn auch die Widerstandsfähigkeit der Hauptmasse I ist natürlich nicht ohne Bedeutung für die Erhaltung des Steins.

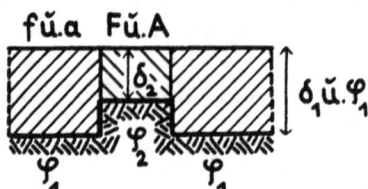

Abb. 14.

Fall $\delta_2 < \delta_1$ oder $\frac{\delta_2}{\delta_2} < 1$, s. Abb. 14.

Als eigentliches Verwitterungsschadenmaß kann jetzt $\frac{\delta_1 - \delta_2}{\delta_2}$ gelten. Wie im vorigen Fall für die Bewertung als ausschlaggebend δ_2 und φ_2 zu betrachten waren, so werden es jetzt δ_1 und φ_1 sein müssen, und es wird ein kleinerer Versuchswert φ_1 hier zur günstigeren Bewertung führen, ein größerer zur ungünstigeren. Der ersteren entspricht, bei schwacher ebenmäßiger Abtragung der Hauptmasse, ein mit

gefüllten, überquellenden Mauerwerkszementfugen vergleichbares Her-
vortreten der widerstandsfähigeren Adern- oder Kittmasse.
Es wird sich hier um Konglomerate oder hartadriges sonstiges
Material handeln. Die Schlußbewertung erfolgt hier nach Maßgabe
von φ_2.

Es wird betont, daß die hier verwerteten Versuchsgrößen φ_1 und φ_2,
die zunächst nur für isolierte Probestückchen abgeleitet worden waren,
für den ganzen Stein keine streng zutreffenden Werte sind.
Sie gelten wegen der Randwirkungen genau genommen eigentlich
nur für den allerdings weit überwiegenden mittleren Teil der Angriffsfläche der einzelnen Be-
standstücke. Doch werden sich
immerhin Eignung und besonders Verhalten von Steinarten
der hier gedachten Art nach
dem geschilderten Vorgehen
hinreichend erkennen lassen.
Das vermag das gewöhnliche
einfache Verfahren für völlig
gleichartige Steine nicht zu
leisten. In betreff etwa für
nötig erachteter Berichtigung
wegen der Randwirkungen
siehe die frühere Bemerkung
hierzu. Es kommen hier jedoch nur solche von be-
schränktem Umfang entlang
den Kittfugen vor.

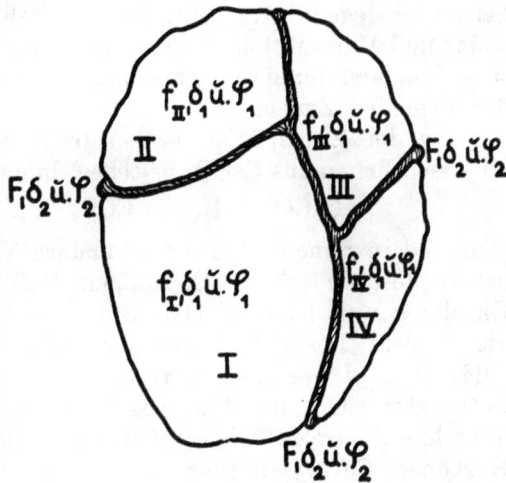

Abb. 15.

2. Zu betrachten wären weiter hierhergehörige Steine, deren Hauptmasse sich aus mehreren, verschiedenartigen Bestandstücken I,
II, III . . . zusammensetzt, s. Abb. 15, nämlich aus Gesteinstrüm-
mern und Mineralresten bei Konglomeraten und Breccien. In diesem
Falle sind jetzt δ_1 und φ_1 als Durchschnittswerte für die mehr-
gliedrige Hauptmasse gültig zu fassen, während δ_2 und φ_2 sich auf
die Fugenmasse beziehen. Auch hier wäre im Falle $\delta_2 > \delta_1$, also φ_2
$> \varphi_1$, mit φ_2 zu bewerten und gemäß φ_1 zu unterbewerten. Entsprechend umgekehrt im Falle $\delta_2 < \delta_1$.

Ähnlich würde auch in Fällen mehrerer stofflich verschiedener
Adern- oder Zementfugen, z. B. zweier mit den Versuchswerten φ_2 und
φ_3 und entsprechenden Abwitterungstiefen $\delta_2 > \delta_1$ und $\delta_3 > \delta_1$ zu verfahren sein, und zwar wäre dann nach dem größeren der zwei Werte
φ_2 und φ_3 zu bewerten, nach φ_1 aber zu unterbewerten usw.

Teil III.

Die Steinbewertungstafeln und ihr Gebrauch, mit Beispielen.

Es hatte sich gezeigt, daß je nach den unterschiedlichen Hauptcharaktermerkmalen der Steine auch das Prüfungsverfahren eine entsprechende Abänderung zu erfahren habe. So umfaßt die Bewertungstafel I die in den Überschriften gekennzeichneten Steinabteilungen A und B, die Bewertungstafel II die gleichfalls durch die Überschrift charakterisierte Abteilung C. Abteilung B ist, obgleich für die dahin gehörigen Steine die Prüfungsvorgänge unverändert die gleichen sind wie für die Abteilung A, dieser als gesonderte Abteilung zur Seite oder gegenübergestellt. Das geschah, weil jene Materialien (Kalksteine und Marmore) doch eben eine in der Spalte 15, Tafel I, nachgewiesene Sonderstellung einnehmen. Erläuterungen hierzu bringen auch die folgenden Zeilen.

Bei der Einwirkung **rauchgasfreier Luft** auf Kalkgesteine, die im wesentlichen aus $CaCO_3$ bestehen, bildet sich primäres Ca-Karbonat:

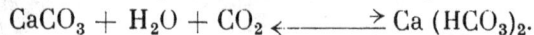

$$CaCO_3 + H_2O + CO_2 \xleftarrow{\qquad} \xrightarrow{\qquad} Ca(HCO_3)_2.$$

Während in reinem H_2O die sekundäre Verbindung $CaCO_3$ schwer löslich ist, löst sie sich in CO_2-haltigem H_2O gemäß der obigen reversibeln Gleichung weit leichter (etwa 31 mal so leicht). Die Ursache ist eben die größere Löslichkeit der sich bildenden primären Verbindung $Ca(HCO_3)_2$. Diese aber zersetzt sich ihrerseits leicht wieder an der Luft unter CO_2- und H_2O-Abgabe (obige Gleichung von rechts nach links lesen!), so daß sich auf der Steinfläche doch wieder sekundäres Karbonat: $CaCO_3$ als sehr dünnes Häutchen ablagert. Dieses vermag zwar nicht absolut schützend zu wirken, da in der CO_2-haltigen feuchten Luft immer wieder $Ca(HCO_3)_2$ gebildet wird. Immerhin aber bedeutet dieser chemische Kreislauf ein gewisses Hemmnis für den Ablösungsvorgang und damit eine Abschwächung der Wetterwirkung für den Kalkstein. Ähnlich mag sich der Vorgang gestalten, wenn es sich nicht um reinen Kalkstein, sondern um $MgCO_3$-haltigen, also um dolomitischen oder um Dolomit handelt. Anders dagegen liegt die Sache im Falle **rauchgashaltiger** Luft, sobald die sich bildenden Sulfate überwiegen. Denn selbst das schwerlöslichste unter ihnen: das wasserhaltige Ca-Sulfat, der Gips, ist leichter wasserlöslich, als es das Ca-Karbonat gewesen war. Und das Mg-Sulfat übertrifft noch das Ca-Sulfat an Löslichkeit, weshalb dolomitische Kalksteine oder auch Sandsteine mit dolomitischem Bindemittel in rauchgashaltiger Atmosphäre besonders angreifbar sich erweisen. (Beispiele: Das Londoner Parlamentsgebäude aus Anston-Stein mit 54,35% $CaCO_3$ und 45,65% $MgCO_3$. Ferner: Kölner Dom. Hier: Verwendung von Schlaitdorfer Stubensandstein mit z. T. dolomitischem Bindemittel[1]). Eine Rolle spielt dabei auch die 2- bis 5fache Raumausdehnung bei der Bildung von Ca- und Mg-Sulfat. Aber selbst in ein wenig rauchgashaltiger Luft ist für gewöhnliche Mg-freie Kalksteine und Marmore, solange es sich um völlig gleichmäßiges, durchweg gleichwiderstandsfähiges Material handelt, keine besondere Verwitterungsgefahr zu befürchten. Denn in diesem Falle bildet sich stetig nur eine äußerst dünne, gleichmäßige, baulich völlig unbedenkliche Verwitterungsschicht. Solche Kalksteine pflegen treffliche Bausteine zu sein. (Beispiele u. a.: Zahlreiche Travertinbauten und die viele Jahrhunderte alten Stadtmauern von Langensalza und Mühlhausen in Thüringen.) Nur die Politur ist nicht haltbar. Stellen stark ungleichmäßiger Beschaffenheit der Kalksteine, besonders örtliche Anhäufungen von Ca- und Mg-Karbonat (und demnach späterhin -Sulfat) aber bilden die Ausgangspunkte zu ernstlicher Verwitterungsmöglichkeit.

Eine Zweiteilung ist auch für die Bewertungshauptgruppen II der Abteilungen A, B und C1 durchgeführt, nämlich in a) und b) mit Rücksicht auf die verschiedene Art des Frostangriffs bzw. die bauliche Verwendungsart. Auf der Bewertungstafel I ist ferner eine weitere Zweiteilung nach Hauptmerkmalen für die Bausteinabteilung A vorgesehen, nämlich in »Kompakte« — das bedeutet hier: unschiefrige, derbe, allseitig gleichfeste — und in »Schichtige«, schiefrige, spaltige Steine. Für die Bausteinabteilung B und ebenso durchweg in der Tafel II fällt diese Zweiteilung fort; für Abteilung A ist sie mitbestimmend für die Bewertungsgruppenbildung gewesen. Letztere ist dann in den Spalten 1, 2 und 3 bzw. 9 und 10 in früher festgestellter Weise ohne Weiterteilung durchgeführt. Eine solche war dagegen erforderlich in der Tafel II für Bausteinabteilung C 1, nämlich in die Teiluntergruppen a und b (Spalte 5), während dort für die Sondergruppen der Abteilung C 2 ein eigenes Bewertungsverfahren Platz greifen mußte. Jene Zweiteilung in nichtschieferhafte, kompakte und schieferhafte Steine besteht sowohl für die Kombin. Wärmewechselschadenprobe und Frostprobe als auch für die Agenzienprobe. Letztere beansprucht die Spalten 5 und 6 bzw. 12 und 13. Die Spalten 4a, 4b, 4c bzw. 11a, 11b, 11c sind zur Aufnahme der Stoffverluste: γ_w für den Wärmewechselversuch, γ_f für die Frostprobe und $\gamma = \gamma_w + \gamma_f$ für beide zusammen bestimmt, und zwar alles gewichtsprozentisch ermittelt. Es ist $\gamma_w + \gamma_f$ nämlich bezogen auf das Gewicht des Probewürfels, so daß die bezüglichen Gewichtsverluste z. B. bei Würfelgröße $10 \cdot 10 \cdot 10$ cm³ je mit dem Faktor $\frac{100}{1000}$ oder $\frac{1}{10}$ zu vervielfältigen wären. In den Spalten 7 bzw. 14 findet sich alsdann der

---

[1]) Vgl. »Erich Kaiser, Der Stubensandstein aus Württemberg, namentlich in seiner Verwendung am Kölner Dom, Jahrb. f. Miner.-, Geol. u. Paläontol., 1907, Bd. II, Seite 42—64«.

Wert γ mit dem Ergebnis φ der Agenzienprobe zu w vereinigt, was bei der Gleichartigkeit beider (gewichtsprozentischen) Größen zulässig. Die gleiche Art der Berücksichtigung der Stoffverluste ist auch für die Tafel II maßgebend. In beiden Tafeln erfolgt die Schlußbewertung mit w.

Es ist hier der Ort, auszusprechen, daß es richtiger (wenn auch unbequemer und zeitraubender) scheinen könnte, die Versuchsgröße φ auch für die Bewertungstafel I (und überhaupt allgemein) unter den gleichen Bedingungen zu ermitteln, die für die Abteilung C 1 und C 2 der Tafel II maßgebend gewesen sind, und zwar aus Gründen der Gleichmäßigkeit und korrekten Vergleichbarkeit. Es würde sich dann also statt des allseitigen Agenzienangriffs um den einseitigen auf die Probeplatten (bei 5 seitiger Abdeckung der Platten) handeln. Beim allseitigen Angriff fallen die einzelnen gewichtsprozentischen Versuchswerte φ im Verhältnis zu denen beim einseitigen entsprechend größer aus, was jedoch das ganze Verfahren nicht beeinträchtigen kann, da alle Agenzienversuchsergebnisse im Bewertungssinn doch nur relative Größen sind. Allerdings scheinen die allseitig beanspruchten Probeplatten nicht ganz der vorherrschenden baulichen Steinverwendungsart gerecht zu werden, sondern nur der zu besonders ausgesetzten Bauteilen. Dagegen fällt jedoch entscheidend ins Gewicht, daß den Versuchsstoffen, ebenso wie ihnen durch die passende Gasmischung ihre Höchstwirkung zugewiesen ist, dies auch noch gleichzeitig durch ein gesichertes, dauerndes Höchstmaß der Plattentränkung mit der Versuchsflüssigkeit unterstützend geschehen soll. Und das ist bei deren Einwirkung von allen sechs Plattenflächen her der Fall.

Die Spalte 8 bzw. 15 der Bewertungstafel I sowie die Spalte 8 bzw. 17 der Tafel II enthalten die allgemeinen Bewertungs- und Verwendungsurteile für die den verschiedenen Bewertungshauptgruppen oder Qualitätshauptklassen zugehörigen Steine. Die ihnen eignenden Gesamtbewertungsmaße w sind, wie gesagt, in den Spalten 7 und 14 der Tafel I und 7 und 16 der Tafel II zu finden. Abweichend, wie schon gesagt, von der einfacheren Einrichtung der Tafel I umfaßt die Tafel II noch in ihrer Abteilung C 1 in Spalte 5 die Teiluntergruppen a und b, in der Abteilung C 2 in Spalte 13 dagegen die Sondergruppen α und β.

Der Gebrauch der Bewertungstafeln ist ebenso wie die einzelnen Bestimmungen des Prüfungsverfahrens nicht auf die natürlichen Bausteine beschränkt, sondern auch auf Ziegel und sonstige Kunststeine anwendbar. Für Ziegel insonderheit kommt die Bewertungstafel I, Abteilung A in Betracht, für groben Terrazzo z. B. Tafel II, Abteilung C 1. Auch zur Feststellung der wetterschützenden Wirkung der verschiedenen Steinerhaltungsmittel an den damit getränkten Steinproben kann die Abgekürzte Wetterbeständigkeitsprobe und können die Bewertungstafeln verwandt werden[1]). Dabei wären die Abteilungen A und B der Tafel I, evtl. wohl auch C 1 der Tafel II heranzuziehen, je nachdem deren Bewertungsmerkmale an den betreffenden Steinen im ungeschützten Zustand sich finden.

Über den Gebrauch der Bewertungstafeln sowie über die Vergleichbarkeit der Bewertungsergebnisse der beiden Tafeln ist noch folgendes zu bemerken.

1. Bewertung von Steinen der Gruppe A (oder auch B) der Tafel I.

Zunächst erfolgt Feststellung, welcher Hauptqualitätsklasse (I, II_1, II_2, II_3, II_4, III) der zu bewertende Stein angehört (Sp. 1 u. 2 bzw. 9 u. 10), sodann zwecks Weiter- und Endbewertung: Feststellung des Wertes w (Sp. 7 u. 14). Gehören zwei oder mehrere Steine derselben, z. B. der Hauptqualitätsklasse I an, so ist am günstigsten unter ihnen der zu bewerten, dem der kleinere Wert von w eignet. Gehört aber ein Stein z. B. der Hauptwertklasse I an, ein anderer zu II_1, so ist der erstere, unbesehen der Werte von w für beide Steine, auf jeden Fall der günstiger bewertete, also auch dann, wenn dem ersten Stein der größere Wert von w zukommen sollte.

2. Bewertung von Steinen der Abteilung C 1, Tafel II.

Auch hier ist die Hauptwertgruppe für die erstmalige Wertordnung von Steinen entscheidend, unbeachtet der irgendwie beschaffenen Werte von w, auch noch ohne Rücksicht auf die Zugehörigkeit zu einer der Teiluntergruppen a und b. Innerhalb derselben Hauptqualitätsgruppe aber entscheidet zunächst die Feststellung, welcher von zwei Steinen zur Teiluntergruppe a, welcher zu b gehört. Im ersteren Falle gebührt dem Stein der Wertvorrang, unbeachtet der Werte von w, nach denen jedoch jeder der zwei Steine weiter zu bewerten ist. Gehören aber beide Steine zu a oder beide zu b, so ist der mit dem kleineren w günstiger zu bewerten.

Weniger einfach ist z. T. natürlich die Wertvergleichung für Steine verschiedener Abteilungen der beiden Tafeln.

3. Wertvergleichung für Steine der Abteilungen A und B.

Da die Bewertungsweise rein schemagemäß in beiden Fällen vollkommen die gleiche ist, so ist die Vergleichung von selbst gegeben, nur daß dabei für Steine der Abteilung B die Bestimmungen in Sp. 15, Tafel I maßgebend zu beachten sind.

---

[1]) Es sei hier bemerkt, daß Prof. H a n n o v e r , Direktor der dänischen Staatsprüfungsanstalt in Kopenhagen, zwecks Verwendung bei der Restauration der dortigen Börse 1902 Gothländer und »Bremer« Sandstein im fluatierten und unfluatierten Zustand nach dem »Abgek.«Verfahren vergleichend geprüft hatte.

4. Von einer Wertvergleichung für Steine der Abteilungen
A, B und C_1 mit solchen der Abteilung C 2

muß natürlich überhaupt abgesehen werden, da die Einzelheiten der verschiedenen Bewertungsschemata den besonderen völlig artverschiedenen und eigenartigen Charakter der zugehörigen Steinsorten zum Ausdruck bringen.

5. Dagegen ist eine gewisse Wertvergleichung zwischen Steinen der Abteilungen A und C 1 wieder möglich, einmal von vornherein nach dem Ausfall der Wärmewechsel- und Frostprobe, d. h. nach ihren unterschiedlichen Hauptwertklassen. Sodann weiterhin, insoweit als beide zu vergleichenden Steine der gleichen Qualitätsklasse zugehören. Für diesen Fall ergibt sich folgende allgemeine Vergleichsübersicht, wobei φ_A und φ_{C1} die bezüglichen Durchschnittsgewichtsverluste (einschl. nunmehr von γ gedacht) der beiden verglichenen Steine bezeichnen.

1.	Es ist ein zur Abteil. C 1 gehöriger Stein allgemein **günstiger** zu bewerten als ein zur Abteil. A gehöriger Stein der **gleichen** Qualitätsklasse	wenn er zur Teil-untergruppe: im	$\begin{cases} a\,(\lambda < 1) \\ a\,(\lambda < 1) \end{cases}$ ge-hört	und wenn gleich-zeitig	$\varphi_A = \varphi_{C1}$ $\varphi_A > \varphi_{C1}$	ist
		Grenzfall:	$a/b\,(\lambda = 1)$		$\varphi_A > \varphi_{C1}$	
2.	Es ist ein zur Abteil. C 1 gehöriger Stein allgemein **ungünstiger** zu bewerten als ein zur Abteil. A gehöriger Stein der **gleichen** Qualitätsklasse	wenn er zur Teil-untergruppe: im	$\begin{cases} b\,(\lambda > 1) \\ b\,(\lambda > 1) \end{cases}$ ge-hört	und wenn gleich-zeitig	$\varphi_A < \varphi_{C1}$ $\varphi_A = \varphi_{C1}$	ist
		Grenzfall:	$a/b\,(\lambda = 1)$		$\varphi_A < \varphi_{C1}$	
3.	Es ist ein zur Abteil. C 1 gehöriger Stein allgemein **gleich** zu bewerten mit einem zur Abteil. A gehörigen Stein der **gleichen** Qualitätsklasse	im Grenzfall:	$a/b\,(\lambda = 1)$	und wenn gleich-zeitig	$\varphi_A = \varphi_{C1}$	ist

In den beiden Fällen:

$$\lambda > 1 \text{ und } \varphi_A > \varphi\,C\,1$$
sowie
$$\lambda < 1 \text{ und } \varphi_A < \varphi\,C\,1$$

läßt sich ein bestimmtes Urteil nicht allgemein abgeben, da sich hier günstige und ungünstige, nicht ohne weiteres vergleichbare Einflüsse gegenüberstehen und nähere Wertmerkmale fehlen. Doch dürfte die Bewährung im Fall 1 eher zuungunsten, im Fall 2 eher zugunsten des Steines der Abteilung C 1 hinneigen.

Jedem geprüften Stein kommt auf Grund des aus der Bewertungstafel I oder II zu entnehmenden Gesamtergebnisses ein

Bewertungsgrad-Merkmal (BM)

zu, wie z. B. I $w = \ldots$ oder II$_1 w = \ldots$ (s. folgende Beispiele 1 und 2 sowie Tafel I), ferner z. B. II$_2$ b $w = \ldots$ (s. Tafel II).

Den engeren Gebrauch der Bewertungstafeln, die auch als Formulare zum Eintragen der ziffernmäßigen Prüfungsergebnisse dienen können (s. die . . . .), sollen einige Beispiele erläutern.

Beispiel 1. Für den oben (Beispiel 1, s. S. 30) behandelten Obernkircher Sandstein hatte die Frostprobe ebenso wie die Wärmewechselprobe äußerlich den völlig unveränderten Bestand ergeben, mit dem ganz geringen Gewichtsverlust $\gamma_f = 0{,}055\%$. Wir haben also, da $\varphi = 0{,}08\%$, $w = 0{,}055 + 0{,}080 = 0{,}135\%$. Der Obernkircher Sandstein ist demnach mit dem Bewertungsgrad-Merkmal BM: I $w =$ I 0,135 der Hauptqualitätsklasse I zugewiesen, in der er jedenfalls weit obenan steht. Es ist erstklassiges Material, wie die Erfahrung bestätigt, und z. B. auch ein Vergleich mit dem ebenfalls anerkannt frost- und wetterbeständigen Odenwald-Diorit lehrt für den BM: I $w =$ I 0,197.

Beispiel 2. Der im früheren Beispiel 3 (s. S. 31) behandelte kalkhaltige Sandstein war in der Wärmewechselprobe unversehrt geblieben. Der Frostversuch hatte leichte Abrundung sämtlicher Kanten, d. h. ein schwaches bis mittelstarkes Absanden, und einen Gewichtsverlust $\gamma_f = 0{,}244\%$ ergeben. Wegen $\varphi = 7{,}54\%$ stellt sich $w = 0{,}244 + 7{,}54 = 7{,}784\%$ mindestens. Der Stein gehört mit BM: II$_1 w$, d. h. II$_1 w$ = 7,78 in die Hauptqualitätsklasse II$_1$, in der er jedoch wegen der bedeutenden Größe von w jedenfalls äußerst tief zu stehen kommt. Immerhin wird er doch noch höher zu bewerten sein als Steine, die mit weit geringerem Versuchswert w, nach der Frostprobe niedriger, etwa in Klasse II$_2$ rangieren. Der sehr erhebliche Gewichtsverlust rührt größtenteils von Abgängen infolge von Sprengwirkungen her, die die hier sehr beschleunigte Entführung kalkiger Einschlüsse bewirkte. Die Größe φ wird sich in Wirklichkeit sicherlich weit weniger vehement, vielmehr ganz allmählich und viel langsamer auswirken als im Agenzienversuch.

Verwitterungsbeispiele.

1. Abb. 16. Wärmewechselwirkung. Die Abbildung zeigt die feinen Rißchen, die Temperaturwechsel in langen Zeiträumen an Thüringer Porphyr erzeugt hatten. (Besser am Probestück mit der Lupe erkennbar.)

2. Abb. 17. Frostwirkung. Die Abbildungen zeigen den Teil eines durch Frost glatt abgesprengten Ziegelkopfes vom Unterbau einer Grabplatte. Die Ziegel waren in Zement vermauert mit einem $\frac{3}{4}$ cm starken Zementverputz. Die von dem etwas porösen Ziegel auf-

gesaugte Bodenfeuchtigkeit, durch den Zementverputz am Wiedcraus-
tritt verhindert, gefror und sprengte gewaltsam eine etwa $\frac{1}{4}$ bis $\frac{1}{2}$ cm
starke Ziegelschicht mit daran haftendem Putz ab. Die Abbildung
rechts zeigt die Absprengungsfläche des Ziegels und unten die Putzschicht. Die Abbildung links, linke Hälfte: Ziegelmasse, rechte Hälfte:
Putzschicht. Das Absprengen von Ziegelköpfen durch den Frost ist bei
Sockelmauerwerk, Gartenmauern usw. häufig zu beobachten.

Abb. 16.

Abb. 17.

3. Abb. 18. Frostwirkung, überwiegend. Das Bild zeigt einen im Freien aufgestellten Block aus gelblichem, sehr feinkörnigem, deutlich, aber ungleichmäßig geschichtetem Kohlensandstein. Das Bindemittel ist kieselig-tonig mit ganz geringem Kalkgehalt. Die Zerstörung erfolgte vorwiegend durch Frostwirkung, begünstigt durch Schichtung und Stellung des Steins »auf Spalt«. Schwacher Agenzienangriff verrät sich durch Abrundung an den Rändern der Spaltrisse, die annähernd der Schichtung folgen. Alter des Steins etwa 20 Jahre.

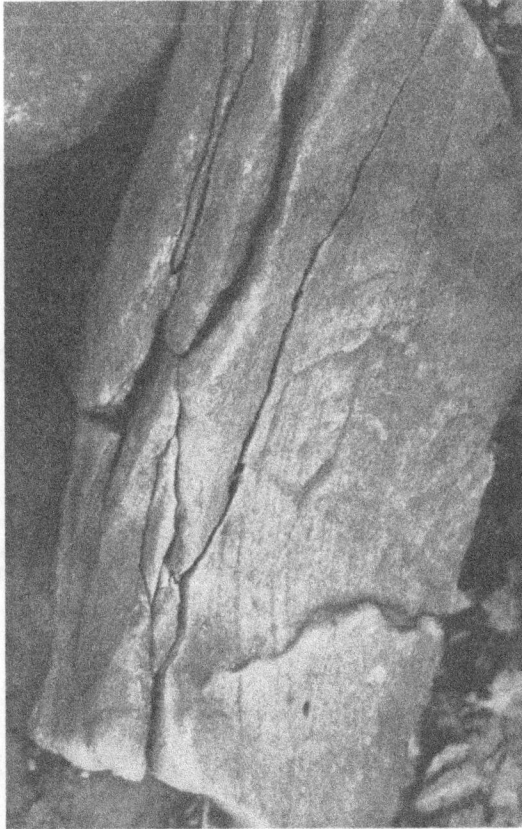

Abb. 18.

4. Abb. 19. Agenzienwirkung und Frost. Absanden durch Ablösen der Quarzkörner unter Mitangriff rauchgashaltiger Luft auf das etwas kalkige Bindemittel. Die ursprünglich scharfen Zierformen des Steins — es ist der gleiche wie unter 5 — erhielten ein zerfressenes oder verblasenes Ansehen, zu vergleichen mit Merkmalen der Gruppe II_1.

Abb. 19.

Abb. 20.

5. Abb. 20. Frostwirkung, überwiegend. Die Abbildung stellt einen Frostschaden am Brüstungsaufbau einer Straßenunterführung dar. Der Schaden ist auf Wasserversackung an der betreffenden Stelle zurückzuführen. Der Schadenwert dürfte dem der Qualitäts-

gruppe II_1 entsprechen. Material: Roter Sandstein von Schlegel bei
Neurode in Schlesien.

6. Abb. 21. Agenzienwirkung. Beispiel einer streifigen,
schichtigen Abwitterung am Quadermauerwerk aus Kohlensandstein
mit verschieden stark angreifbarer Schichtung.

Abb. 21.

7. Abb. 22 u. 22a. Zusammenwirken mehrerer Einflüsse.
Verwitterter kalkhaltiger Dachschiefer. Stoffverlust durch Luft- und
Rauchgaswirkung, Temperaturwechsel und Frost führten zur Aufspal-
tung und dünnschichtigen Abblätterung. Hauptqualitätsgruppe II_4/III.

8. Abb. 23. Wie zu 7. Abdeckplatte aus gelblichem, grob-
körnigem, etwas kalkhaltigem, schon im frischen Zustand zum Bröckeln
neigendem Sandstein. Die abgedeckte Mauer war von Strauchwerk

Abb. 22 u. 22a.

umgeben. In 100 m Entfernung befand sich ein 45 m hoher, starke
Rauchwolken versendender Schornstein. Zu den gewöhnlichen (unter
7 aufgeführten) Verwitterungsursachen treten hier noch die waagerechte Lage und die Feuchthaltung der Platte infolge Pflanzenwuchses

und endlich die Begünstigung der mächtigen Zerstörung durch schon vorhanden gewesene etwa 1 bis 4 cm starke Spaltschichten.

In manchen Fällen mögen neben der hier vorgeführten systematischen Steinprüfung auf Wetterbeständigkeit auch noch gewisse Sonderprüfungen erwünscht und angezeigt sein. So die spezielle Prüfung gewisser als »Sonnenbrenner« bezeichneten, schnell ver-

Abb. 23.

witternden Basalte. Die Verwitterung vollzieht sich mit den Stadien: Haarrissigwerden, Fleckigwerden der Oberfläche, Zerfall. Die einfachste »Sonnenbrenner«-Probe besteht im Kochen mit Salzsäure, wodurch an den mit dem Fehler behafteten Basalten jene Flecken auf der Oberfläche hervorgerufen werden. Es gibt noch andere Verfahren, und die Sonnenbrennerfrage dürfte nach der ursächlichen Seite hin z. Z. noch nicht abschließend beantwortet sein. Vgl. »Leppla, Über den sog. Sonnenbrand der Basalte, Ztschr. f. prakt. Geologie 1901«, S. 170—176, und »Hirschwald, Handb. d. bautechn. Gesteinsprüf.«.

Mit besonderem Nachdruck sei zum Schluß auf die mikroskopische Untersuchung von Dünnschliffen hingewiesen, die für die Gesteinsprüfung allgemein selbstverständlich von größter Bedeutung ist und auch für Wetterbeständigkeitsfragen gute Dienste leistet. Sie ist von Hirschwald für sein Verfahren weitgehendst systematisch ausgebaut worden.

Ferner wichtig: Bei Ungleichartigkeit der Bruchlagen ist zwecks Steinprüfungen die gesonderte Probeentnahme aus jeder der verschiedenen Bruchlagen unerläßlich.

Teil IV.

Einwände gegen die Abgekürzte Agenzienprobe und ihre Widerlegung.

Von wirklich eingehenderen Einwänden .auf streng wissenschaft-licher Grundlage gegen die Abgekürzte Agenzienprobe sind mir bis jetzt nur die Hirschwaldschen bekanntgeworden, die ich jedoch durch-weg für unbegründet halten muß. Sie gehen zwar von an sich streng wissenschaftlichen Tatsachen aus; diese werden aber zumeist auf Vorgänge und Umstände derart angewandt, daß sie keinerlei Beweis-kraft besitzen können. Sie finden sich in Hirschwalds großem, verdienst-vollem Werk: »Die Prüfung der natürlichen Bausteine auf ihre Wetter-beständigkeit, Berlin 1908, Verl. von Wilh. Ernst & Sohn.«

I. Zu S. 97, Nr. 182 bei Hirschwald. Es wird, hinweisend auf die starke Konzentration der Agenzien beim Künstlichen Versuch gegen-über dem natürlichen Verwitterungsvorgang, eingewandt, daß bei ver-schiedener Stärke oder Verdünnung und verschiedenen Einwirkungs-zeiten jener Mittel ihre Wirkungsweise eine verschiedene sei. Verdünnte Salzsäure, z. B. von weniger als 2% HCl-Gehalt, greift Kalkspat nicht mehr merklich an. Aber bei der Agenzienprobe kommen stets nur die beiden Säuren SO_2 und SO_3 in Frage, die trotz ihrer starken Ver-dünnung in der atmosphärischen Luft oder im Luftwasser die Bau-steine eben gerade sehr merklich angreifen (was auch, nur in schwä-cherem Maße, von der CO_2 gilt). HCl spielt in den Rauchgasen gegen SO_2 und SO_3 keine oder eine nur verschwindende Rolle; sie kann bei der Agenzienprobe daher außer acht bleiben. Ist sie aber einmal in der Luft vorhanden und merklich wirksam, so muß sie allerdings auch im Versuch auftreten, dann aber in einer Stärke, bei der sie eben auch noch wirksam ist.

Auch daß bei Anwendung stärkerer Säure die Geschwindigkeit der Zersetzung des Kalkspats nicht etwa dem Konzentrationsgrad der Säure proportional ist, erscheint für uns belanglos. Denn es stehen wiederum nur SO_2 und SO_3 zur Frage, und es kommt hier lediglich auf die gerade erstrebte und erreichte Tatsache der Zersetzung, und zwar der schnelleren an, sowie auf die entstehenden Neubildungen. Der Grad der Geschwindigkeit des Vorgangs ist sonst dabei gleichgültig.

II. Zu S. 98, Nr. 183 bei Hirschwald, Absatz 1, 2 und 3. Als Beispiel dafür, daß eine bestimmte Wirkung nur bei Anwendung ver-dünnter Lösungen eintrete und in verdünnten Lösungen der Zer-setzungsvorgang anders verlaufe als in nicht oder weniger verdünnten, werden zwei Reaktionen angeführt. Eine, die sich auf den bei unserer Agenzienprobe niemals auftretenden Ätzkalk bezieht, hier also völlig gegenstandslos ist. Die andere, das Verhalten der Schwefelsäure gegen Zink betreffend. Dabei sind drei Punkte des Schwefelsäurebeispiels vorhanden, die seine völlige Abwegigkeit als Widerlegungsargument begründen: 1. Das verwertete Verhalten eines in unserem Versuch niemals auftretenden Metalls (!), 2. die dort niemals in Frage kommende starke (!) Konzentration der Säure, mit der Hirchwald rechnet, und 3. endlich die gleichfalls dort niemals in Betracht kommende hohe (!) Temperatur, von der Hirschwald gleichfalls ausgeht.

III. Zu S. 98, Nr. 183, Absatz 3 bei Hirschwald. Die nach Hirschwald zu befürchtende Beeinflussung der lösenden Wirkung der Säuren (SO_2 und SO_3) durch die Gegenwart von Salzen im Versuch kann keinen stichhaltigen Einwand gegen diesen begründen. Denn

1. Können diese durch Wechselwirkung von Steinstoffen und den Agenzien entstandenen Salzneubildungen ebensogut abgeführt und wirkungslos gemacht werden, wie das beim natürlichen Verwitterungsvorgang sich zeitweise ereignet.

2. Sollte aber die Entfernung jener Salze einmal wirklich ins Stocken geraten, was in beiden Fällen zeitweise durch Mangel an Lösungswasser eintreten kann, so wäre auch das sicherlich hier ohne Belang. Denn im gleichen Maße wie im »Abgekürzten« Versuch die SO_2 und SO_3 verstärkter auftreten als beim natürlichen Vorgang der Luftwasser-Rauchgaswirkung, werden dort (im Versuch) auch jene Salzbildungen in reichlicherem Maße zustande kommen und das Verhältnis zwischen lösenden Säuren und nebenhergehenden Salzbildungen wird quantitativ und qualitativ doch wieder annähernd das gleiche sein wie beim natürlichen Verwitterungsvorgang. Qualitativ: Denn es handelt sich immer nur um dieselben Säuren SO_2 und SO_3. Die CO_2 scheidet für das Endergebnis aus, da sie, zeitweise unter Karbonat- und Bikarbonatbildung in Wirkung getreten, doch zuletzt wieder durch die beiden stärkeren Säuren ausgetrieben wird. Die möglichen Salzneubildungen sind nun von zweierlei Art. Entweder: es sind die einfachen Sulfate (vorübergehend auch wohl Sulfite) von K, Na, Mg, Ca, Al, Fe, oder es sind, wie schon einmal erwähnt, sekundäre Verbindungen, nämlich Salze, die durch Wechselwirkung der vorigen primären Neubildungen untereinander oder mit den ursprünglichen Steinbasen entstehen könnten, z. B. als alaunartige Doppelsalze. In beiden Fällen müssen sich in den Lösungswässern Sulfate und nur Sulfate schließlich nachweisbar vorfinden. Das bestätigt denn auch jederzeit die direkte Untersuchung der Versuchsflüssigkeit. Genau das gleiche Ergebnis lieferten mir die zahlreichen Untersuchungen der Abwässer von Dach- und sonstigen Bausteinen, die der Luft- und Rauchgaswirkung ausgesetzt gewesen waren (ausgeführt im oberschlesischen Industriebezirk). Hiernach ist es in beiden Fällen, bei der natürlichen Luft- und Rauchgaswirkung wie im Künstlichen Versuch, unbe-

streitbar als Endwirkung so, daß Teilmengen der Steinbasen als Sulfate (als neutrale oder ev. saure) Sulfate (s. auch Nr. 3) entführt werden und daß diese Steinstoffverluste im Versuchsfalle, nach Maßgabe der größeren Menge wirksamer Angriffsstoffe, entsprechend größer sind als im anderen Falle. Daran ändert sich nichts und die vorher von mir unterstellte Voraussetzung der ungefähren Verhältnisgleichheit von Säure- und Salzbildungsmenge bleibt auch bei zeitweilig wechselnder Säurestärke — für unsere beiden Fälle — zu Recht bestehen. Wechselnd wären dabei zeitweise eben nur noch ein wenig die Steinstoffteilverluste selbst.

3. Endlich kann auch durch das Zustandekommen saurer Salze infolge größerer Menge und Konzentration der Versuchssäuren ein Wesensunterschied der Vorgänge in beiden zu vergleichenden Fällen (natürliche Einwirkung und Versuch) nicht bedingt werden. Saure oder primäre Sulfite werden sich anfangs und vorübergehend dort wie hier sehr wahrscheinlich bilden. Schließlich aber läuft, wie wir sahen, alles im Oxydationswege auf die Bildung von Sulfaten hinaus. Die beiden Reaktionsgleichungen aber, die für den Vergleich der Bildung neutraler und saurer Salze maßgebend sein würden, wie z. B.:

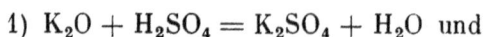

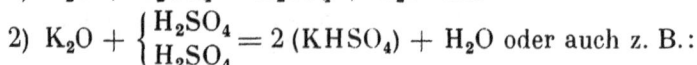

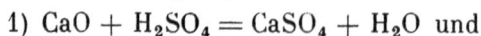

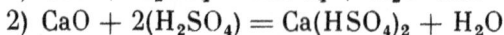

1) $K_2O + H_2SO_4 = K_2SO_4 + H_2O$ und

2) $K_2O + \begin{cases} H_2SO_4 \\ H_2SO_4 \end{cases} = 2\,(KHSO_4) + H_2O$ oder auch z. B.:

1) $CaO + H_2SO_4 = CaSO_4 + H_2O$ und

2) $CaO + 2(H_2SO_4) = Ca(HSO_4)_2 + H_2O$

lehren, daß im zweiten Falle dasselbe eine Molekül der Basen von der doppelten Säuremenge erfaßt würde wie im ersten Falle. Bei vorhandenen, genau nach den zwei Gleichungen abgestimmten Säuremengen würden also auch genau die gleichen Basenmengen in beiden Fällen gebunden werden, im Versuch wie beim natürlichen Vorgang. Da nun aber im Versuch eine weit größere Menge an Säure vorhanden und großenteils wirksam ist als in der rauchgashaltigen Luft, so werden dort entsprechend immer weitere Mengen der Basen gebunden werden, und das ist eben alles! Der Erfolg ist also lediglich ein rein quantitativ-erhöhter, natürlich sehr zugunsten des Versuchsergebnisses. Andere Unterschiede zwischen Versuch und natürlichem Vorgang gibt es auch hier, bei größerer Säuremenge, also nicht. Schließlich kommt es übrigens weniger auf die Kleinheit der Säuremenge an sich im weiten Luftraum und weniger auf die Größe der Säuremenge an sich in der Versuchsflasche und in der Tauchflüssigkeit an als auf die Mengen der tatsächlich gelösten Basen im Verhältnis zu den im Stein der Einwirkung dargebotenen. Und die entführten Mengen unterliegen den wirkenden Säuren gegenüber in beiden Fällen, im Versuch wie beim natürlichen Vorgang, doch eben in gleicher Weise dem Äquivalenzgesetz.

IV. Zu S. 98, Nr. 184, Absatz 1 bei Hirschwald. Hier wird ohne weiteres durchweg ein Zerfall des Steins bei der Agenzienprobe stillschweigend vorausgesetzt. Damit könnte zweierlei gemeint sein: 1. bloß molekulare Lockerung, wie sie bei Abtrennungen und Umgruppierungen von Steinstoffen oder ihrer Elemente sowohl im Versuch als auch bei der natürlichen Verwitterung vorkommt. Hier besteht also kein Unterschied für die beiden Fälle. 2. gibt es einen makroskopisch-sichtbaren Zerfall, der in teilweiser, u. U. auch völliger Lösung des Steinzusammenhangs besteht und allein gemeinhin »Zerfall« heißt. Von ihm kann im Agenzienversuch in der Regel nicht, vielmehr nur in selteneren Fällen, meistens nur dann nämlich die Rede sein, wenn Steine mit erheblichem Gehalt an freiem $CaCO_3$ vorliegen, wobei es zu Sprengwirkungen durch Bildung nicht entführbaren Gipses kommt. Aber auch beim natürlichen, jedoch längere Zeiträume hindurch wirksam gewesenen Verwitterungsvorgang kann es in jenem Fall, aber auch in anderen Fällen, zum »Zerfall« des Steins kommen, und es wäre unzulässig, den gleichen Vorgang in den beiden Fällen als artverschieden zu erklären. Auch im Versuch handelt es sich gewöhnlich nur um fortlaufende Ablösung verhältnismäßig geringer Mengen und Auslaugung, ebenso wie anfangs und meist längere Zeit hindurch auch beim natürlichen Vorgang der Verwitterung.

Endlich: Der Vorgang der Umwandlung des $CaCO_3$ in Gips beim Verwitterungsvorgang und sein Ersatz durch diese Neubildung kann keineswegs als eine Art pseudomorphoser Erscheinung bezeichnet werden, wie das Hirschwald doch wohl will. Denn es fehlt das Hauptmerkmal aller Pseudomorphosen, daß nämlich die Neubildung, der Afterstoff, die Form des Urstoffs angenommen hat. Die Pseudomorphosen des Mineralreichs entstehen durch langfristige Einwirkung von Mineralquellen in Gängen auf Mineralindividuen unter besonders günstigen Bedingungen für die Erhaltung von deren morphologischer Eigenart. »Es genügt nämlich offenbar nicht«, sagt F. Nies treffend, »daß sich ein Umwandlungsprozeß überhaupt abspiele, um eine Pseudomorphose zu erzeugen, sondern es muß sich dieser Prozeß auch sehr subtil und allmählich — man möchte sagen: vorsichtig — abspielen, damit die Form durch den Prozeß selbst nicht zerstört werde.« Bei dem hier vorliegenden Umwandlungsvorgang bei der Bausteinverwitterung aber mit ihrer stets drohenden Stoffentführungsmöglichkeit, den oft längeren Unterbrechungen der steinumwandelnden Wirkung und dem störenden Eingriff des Frostes geht es nicht sonderlich »subtil« und »vorsichtig« zu, und der Neubildung ist hier gar keine Zeit gelassen und keine Möglichkeit gegeben, sich nach einer vorhandenen Urstoffform zu gestalten. Jedenfalls ist auch mit dem Zustandekommen unserer Neubildungen eine Störung des ursprünglichen Zusammenhangs verbunden, so daß die Steinmasse eine örtliche Abminderung ihrer baulichen Eigenschaften erfährt.

1. Unterlagen (a, b und c) für die Ankündigungstexte.

Das vorliegende Werk liefert einen Beitrag zur Lösung der für das gesamte Bauwesen und für die Denkmalpflege zweifellos hochwichtigen Aufgabe der Wetterbeständigkeit der Bau- und Ziersteine. Die Arbeit bietet eine solche Lösung der Aufgabe, die — anders wie die sog. »Natürliche« Wetterbeständigkeitsprüfung, die Jahre erfordert — in möglichst kurzer Zeit (dem Praktiker willkommen!) ihr Ziel nach Möglichkeit zu erreichen sucht. Es ist die sog. »Abgekürzte« Prüfung, die tunlichst alle im Bauverband steinbedrohenden Vorgänge des Luftangriffs in verstärktem Maße, sonst aber möglichst naturnahe nachbildend, ein annäherndes, relatives Maß für die Wetterbeständigkeit der Steine finden will. Neu sind Inhalt und Art der Arbeit insofern, als sie ihre Aufgabe erstmalig auf streng-wissenschaftlicher Grundlage behandelt und als sie mit einer durch Beispiele erläuterten Anleitung zur praktischen Verwendung durch den Baufachmann, mit Hilfe zweier Steinbewertungstafeln, versehen ist. Auch im Vergleich mit den beiden früheren Arbeiten des Verfassers auf dem gleichen Gebiete ist das Werkchen eine Neuschöpfung. Kurze Inhaltsangabe: Zunächst werden in der »Einleitung« die verschiedenen möglichen Prüfungsverfahren und die Grundgedanken des abgekürzten Verfahrens vorgeführt. Die weitere Behandlung der Aufgabe gliedert sich nach der gefügemäßigen Beschaffenheit und den Hauptunterschiedsmerkmalen der Steine (Größe, Natur und Verteilungsweise der Gemengteile) in zwei Teile. Diese behandeln in gesonderten Abschnitten der Reihe nach die zwei Teilaufgaben des abgekürzten Prüfungsverfahrens, nämlich 1. die Prüfung auf den Steinwiderstand gegen Wärmewechsel und Frost, sodann 2. die gegen die Luftwasser- und Rauchgaswirkung. Im dritten Teil werden die auf Grund der vorhergegangenen Untersuchungen aufgestellten zwei Steinbewertungstafeln mit Beispielen besprochen, während der Schlußteil IV die Hirschwaldschen Einwände gegen die »Abgekürzte« Agenzienprobe zu widerlegen bestimmt ist.

Mit Ausnahme der eigentlichen Kalksteine:

A. Kompakte einfache oder gemengte, dichte oder fein- bis mittelfeinkörnige Steine mit gleichmäßiger Verteilung der Gemengte oder auch schiefrige Steine.

Bewertungs-hauptgruppen und Qualitäts-hauptklassen		Für kompakte, d. h. stich- und schadenschichtfreie einfache oder gemengte, dichte oder fein- bis mittelfeinkörnige Steine mit gleichmäßiger Verteilung der Gemengteile:	Für schich-tige, schief-rige, spaltige Steine:		Die abgekürzte Agenzien-		Gesamt-unterbe-wertung nach Ge-wichts-	Bewe Verw u
		Ergebnis der kombinierten abgekürzten Wärmewechselschaden- u. Frostprobe:	γ_w γ_f $\gamma=\gamma_w+\gamma_f$ in Gew.-%	Gewichtsverluste	Probe	liefert den Versuchs-wert φ in Gew.-%	verlusten in Gew.-% $w=\gamma+\varphi$	
I		Völlig unverändert, oder doch nur ganz geringe gewichts-mäßige, nicht sichtbare Veränderungen		.... erfolgt		....		Erst Materia verwend Fällen luftung arbeiten bei klei v
a) Bei all-seitigem Frostan-griff bzw. völlig luft-umgebener Verwendung	b) Bei einsei-tigem Frost-angriff bzw. b. Verwendung zu auf-gehendem Mauerwerk							
(II₁)	II₁	Leichtes seitliches Abflächen oder Abecken oder Abkanten, einzeln oder zusammen	———	....	⎫			Zur gev Außer dung wenige bares l
II₂	II₂	Tiefgehendes Abflächen durch Ab- und Ausbrechen und Ausbröckeln, so daß eine un-regelmäßige, rauhe Ablö-sungsfläche entsteht oder auch bloß starke Ecken- u. Kan-tenverluste od. sonstige Schaden-formen zustande kommen	———	......	⎬ erfolgt	......		zwar n gabe c in Spa
(II₃)	II₃ = II₂	Einmalige oder mehr-fache **durchgehende** Risse-bildung der Probewürfel bei sonst zunächst meist guter Erhaltung	— — —		⎭			Für ring gebene kommen der Gr Kleinst in l
II₄		Abblättern (Ablösen dünner Blättchen) bis Abspalten größerer parallel-flächiger Schicht-stücke der Platten	......evtl.........		Kann er-folgen. Unter-bleibt nach Befund bei größerer Abspaltung	....	evtl.	Mindeste res, in d Fällen n tiges Außenv sollte mö bl
III		Völliges Versagen der Steine, schon in der Wärmewechselschadenprobe oder später in der Frostprobe, hier unter völli-gem Zerfall, teils durch Zersprengen (II₃), teils durch Zerbröckeln (II₂)			Unter-bleibt	——		Minde Materi dung zum ausges
1		2	3	4a 4b	4c	5	6	7

B. Gewöhnliche und dolomitische Kalksteine sowie Marmore (kristallinisch-körnige) und dichte, sogenannte **Buntmarmore**.

ungs-uppen / äts-assen	Für stich- und schadenstellenfreie, dichte, fein- bis grobkörnige, aber gefügegleichmäßige, gewöhnliche und dolomitische Kalksteine und die verschiedenen Marmorarten:					Die abgekürzte Agenzien-	Gesamt-unterbe-wertung nach Gewichts-verlusten	Bewertungs- und Verwendungsurteil
	Ergebnis d. kombinierten abgekürzten Wärmewechselschaden- u. Frostprobe	γ_w	γ_f	$\gamma=\gamma_w+\gamma_f$ in Gew.-%	Probe	liefert den Versuchs-wert φ in Gew.-%	in Gew.-% $w=\gamma+\varphi$	
	Völlig unverändert oder doch nur ganz geringe gewichtsmäßige, nicht sichtbare Veränderungen				.....|.....|.....|.....| erfolgt		Zur Innenverwendung: Erstklassiges Material. Auch zur Außenverwendung brauchbar und besonders als feiner Architektursteinwertvoll, jedoch nur bei völliger Gefüge- u. Stoffgleichmäßigkeit; außerdem im polierten Zustand wegen Verlust der Politur. Zu allseitig luftumgebenen Arbeiten (auch bei Steinen der Gruppe I) nur beschränkt verwendbar.
Bei einseitigem Frostangriff bzw. bei Verwendung zu aufgehendem Mauerwerk								
II_1	Leichtes seitliches Abflächen oder Abecken oder Abkanten, einzeln oder zusammen	.....|.....|.....|.....|		erfolgt		Die Gesamtbewertung der Kalksteine u. Marmore ist infolge des der Steingruppe B durchweg eignenden größeren Versuchswertes φ, bei gleicher Frostsicherheit, also Qualitätshauptklasse, an sich notwendig geringer als die Gesamtbewertung der Steine der Gruppe A. Trotzdem eignen sich stich- und schadenstellenfreie gefügehaft- und stofflichgleichmäßige gewöhnliche Kalksteine zur Außenverwendung im großen, d. h. zu aufgehendem Mauerwerk sowie zu einfacheren Einzelsteinarbeiten. Denn die äußerst dünne, gleichmäßige, stetig sich bildende Verwitterungsschicht (Altershaut) ist durchaus unbedenklich. Bedenklich ist der größere Versuchswert φ für die Steine der Gruppe B nur bei wesentlicher Ungleichmäßigkeit gefügemäßiger und besonders stofflicher Art. Diese bedingen Vermehrung der Angriffstellen und ungleiche Angreifbarkeit, die leicht Verwitterungs-Schadenstellen veranlaßt. — Zwecks weiterer Aufklärung über das mutmaßliche Verhalten gefüge- und stoffungleichmäßiger Steine der Gruppe B kann es sich empfehlen, auch hier das Untergruppenteilungsverfahren der Spalten 4/5 auf Tafel II (wie für Steine der Gruppe C) zur Anwendung zu bringen.
II_2	Tiefergehendes Abflächen durch Ab- und Ausbrechen und Ausbröckeln, so daß eine unregelmäßige, rauhe Ablösungsfläche entsteht od. auch bloß stärkere Ecken- od. Kantenverluste od. sonstige Schadenformen zustande kommen	.....|.....|.....|.....|				
$II_3=II_2$	Einmalige oder mehrfache **durchgehende** Rissebildung der Probewürfel bei sonst zunächst meist guter Erhaltung	—	—	—				
								Sollte es sich um Kalksteine mit Spaltneigung handeln, so wird, da hier noch ein großer Versuchswert φ hinzutritt, das Endergebnis im Verhalten solcher Steine in praxi nicht verschieden sein von dem der Kalksteine der Frostgruppe III, und es erübrigt sich somit hier die Abtrennung einer besonderen Gruppe II_4.
	Völliges Versagen der Steine schon in der Wärmewechselschadenprobe oder später in der Frostprobe, hier unter völligem Zerfall, teils durch Zersprengen (II_2), teils durch Zerbröckeln (II_3)	—	—	—	unterbleibt		—	Minderwertiges Material. Außenverwendung ausgeschlossen.
10		11a	11b	11c	12	13	14	15

1. Gefügemäßig, auch stofflich ungleichartige, groß- und grobstückige Steinarten

Bewertungs-hauptgruppen und Qualitäts-hauptklassen	Für Bausteine der Art C1: Ergebnis der kombinierten abgekürzten Wärmewechselschaden- und Frostprobe	Gewichtsverluste γ_w	γ_f	$\gamma=\gamma_w+\gamma_f$ in Gew.-%	Probe	Die abgekürzte Agenzien- liefert die Bewertungs-Untergruppen	gemäß Wert λ	Gewichtsverlust φ in Gew.-%	Gesamt-unterbewertung nach Gewichtsverlusten $w=\gamma+\varphi$ in Gew.-%	Be Ver
I	Völlig unverändert oder doch nur ganz geringe gewichtsmäßige, nicht sichtbare Veränderungen				erfolgt	a $\lambda=\dfrac{\Sigma F\cdot A}{\Sigma f\cdot a}<1$ ..... ; b $\lambda=\dfrac{\Sigma F\cdot A}{\Sigma f\cdot a}\geq1$				Ers zu A allen auch klei vor Grup umge
a) Bei allseitigem Frostangriff bzw. bei völlig luftumgebener Verwendung b) Bei einseitigem Frostangriff bzw. bei Verwendung zu aufgehendem Mauerwerk										
$(II)_1$ II_1	Leichtes seitliches Abflächen od. Abecken od. Abkanten, einzeln oder zusammen — Dieses Schadenmerkmal tritt jedoch bei Steinen der Art C1 nur selten und untergeordnet (partiell) auf				erfolgt	a $\lambda=\dfrac{\Sigma F\cdot A}{\Sigma f\cdot a}<1$; b $\lambda=\dfrac{\Sigma F\cdot A}{\Sigma f\cdot a}=$				Zur Au dung gut Mate nach Wert und
II_2 II_2	Tiefergehendes Abflächen durch Ab- und Ausbrechen und -bröckeln, so daß eine unregelmäßige, rauhe Ablösungsfläche entsteht oder auch bloß stärkere Ecken- und Kantenverluste oder sonstige Schadenformen zustande kommen				erfolgt	a $\lambda=\dfrac{\Sigma F\cdot A}{\Sigma f\cdot a}<1$; b $\lambda=\dfrac{\Sigma F\cdot A}{\Sigma f\cdot a}\geq1$				
— —	Für Steine der hierher gehörigen Art ist Zerstörungsform 4 ausgeschlossen und damit auch Bewertungsgruppe II_3	—	—							Für a umge komm Grupp od. kle w
III	Völliges Versagen der Steine schon in der Wärmewechselschadenprobe oder später in der Frostprobe, hier unter völligem Zerfall, teils durch Zersprengen (II_3), teils durch Zerbröckeln (II_4)	—	—		unterbleibt					Min Mat dung bau a
1	2	3a	3b	3c	4	5	6	7		

…einarten, deren Hauptmasse mit Adern oder Kittfugen (evtl. auch Stichen oder sonstigen Fehlerstellen) mit meist …end vorherrschender Längenausdehnung behaftet ist (Konglomerate, Breccien und u. U. nicht-klastisches adriges Material)

Für Bausteine der Art C2: Ergebnis der kombinierten abgekürzten Wärmewechsel- schaden- und Frostprobe	Gewichts- verluste γ_w	γ_f	$\gamma = \gamma_w + \gamma_f$ in Gew.-%	Probe	Die abgekürzte Agenzien- liefert die Sonder- Untergruppen	die Ver- suchswerte in Gew.-%		Gesamt- unterbewer- tung nach Gewichts- verlusten $w = \gamma + \varphi$ in Gew.-%	Bewertungs- und Verwendungs- urteil	Be- merkungen
Völlig unver- ändert oder doch nur ganz geringe gewichts- mäßige, nicht sichtbare Ver- änderungen	….	….	….	erfolgt	α $\delta_2 < \delta_1$ ($\varphi_2 < \varphi_1$) β $\delta_2 > \delta_1$ ($\varphi_2 > \varphi_1$)	$\varphi_1 = \varphi_2 =$ …. $\varphi_2 = \varphi_1 =$ ….		$w = \gamma + \varphi_1$ (Abb. 14) $w = \gamma + \varphi_2$ (Abb. 13)	Steine der Sonder- gruppen α und β bei kleinen Werten von φ_2 und φ_1 bzw. von φ_1 und φ_2 sowie von ω: geeignetes Material für grobe Außenarbeiten (Sok- kelmauerwerk usw.)	
Zur Hauptbewer- tungsgruppe II gehören alle nicht zu den Bewertungs- hauptgruppen I und III zu rech- nenden Steine. Die bei den Stein- arten A und B vorkommenden Schadenmerk- male: seitliches Abflächen usw. und durchgehende Rissebildung sind hier (bei C2) nicht zu erwarten, höch- stens allenfalls bei nicht-klasti- schem adri- gem Material	….	….	….	erfolgt	α $\delta_2 < \delta_1$ ($\varphi_2 < \varphi_1$) β $\delta_2 > \delta_1$ ($\varphi_2 > \varphi_1$)	$\varphi_1 = \varphi_2 =$ …. $\varphi_2 = \varphi_1 =$ ….		$w = \gamma + \varphi_1$ (Abb. 14) $w = \gamma + \varphi_2$ (Abb. 13)	Zur gewöhnlichen gröberen Außen- verwendung, z. B. zu Sockelmauerwerk, Fundamenten usw., mehr oder weni- ger tauglich. In beiden Fällen α und β: Bewertung nach Spalte 9 und weiter auch nach Spalte 16	Material mit ausge- sprochenen Stichen oder son- stigen Feh- lerstellen, z. B., Kohle- schicht, ist von der Verwen- dung grund- sätzlich auszu- schließen. Nur für aus- nahmsweise Prüfung solcher Stiche kommen die Spalten 14, 15 und 16 in Betracht.
Versagen der Steine schon in der Wär- mewechselscha- denprobe oder spä- ter in der Frost- probe, hier unter völligem Zerfall	—	—	—	unter- bleibt		—		—	Minderwertiges Material. Keine Außen- verwendung.	
10	11a	11b	11c	12	13	14	15	16	17	18